INDUSTRY 4.0
READY

Automatische Identifikation für Industrie 4.0

Heinrich Hippenmeyer • Thomas Moosmann

Automatische Identifikation für Industrie 4.0

Springer Vieweg

Heinrich Hippenmeyer
Freiamt, Deutschland

Thomas Moosmann
Unternehmen für Logistik-Optimierung
Buchenbach, Deutschland

ISBN 978-3-662-52700-9 ISBN 978-3-662-52701-6 (eBook)
DOI 10.1007/978-3-662-52701-6

Die Deutsche Nationalbibliothek verzeichnet diese Publikation in der Deutschen Nationalbibliografie; detaillierte bibliografische Daten sind im Internet über http://dnb.d-nb.de abrufbar.

Springer Vieweg

Gedruckt auf säurefreiem und chlorfrei gebleichtem Papier

Springer Vieweg ist Teil von Springer Nature
Die eingetragene Gesellschaft ist Springer-Verlag GmbH Deutschland
Die Anschrift der Gesellschaft ist: Heidelberger Platz 3, 14197 Berlin, Germany

Autoren

Ing.(grad.) Heinrich Hippenmeyer, Jahrgang 1949, durchlief von 1965–1968 eine gewerbliche Ausbildung zum Elektromechaniker bei der Firma SICK Optik-Elektronik und studierte anschließend Nachrichtentechnik. Heinrich Hippenmeyer war anschließend bis zum Eintritt in den Ruhestand Mitarbeiter der SICK AG. Themenschwerpunkte seiner Arbeit waren seit 1967 die Entwicklung von Sensoren und Systemen zur Produktions- und Logistikautomation mit Hilfe der automatischen Identifikation und optischen Vermessung. Das Arbeitsfeld reicht von den ersten Barcodelesern zur Qualitätssicherung in der pharmazeutischen Industrie über die Ladungsträgeridentifikation in Distributionszentren bis zu komplexen Systemen zur Fluggepäckidentifikation in der modernen Flughafenlogistik. Von der Entwicklungsarbeit zeugen mehr als 50 Patente und Gebrauchsmuster.

Heinrich Hippenmeyer ist heute freiberuflich als beratender Ingenieur für die Optimierung und Automatisierung von Logistiksystemen mit Hilfe der optischen Sensorik und automatischen Identifikation tätig.

Verantwortlicher Autor Kap. 2….7

Thomas Moosmann, Jahrgang 1951, durchlief von 1967–1969 eine Speditionskaufmannsausbildung bei Schenker & Co. GmbH und durchwanderte anschließend viele logistische Bereiche (Fluglinie, Kraftwagenspedition, Import, Zoll, Export, Transportversicherung, Verbandsberatung bei Transport-unternehmen, IT und Industrie) aus der sich vielschichtige Praxiserfahrungen entwickelten.

Berufliche Fort- und Weiterbildungen wurden berufsbegleitend als Verkehrsfachwirt (IHK) und zertifizierter Logistikmanager (BVL) abgeschlossen.

Thomas Moosmann ist seit Mitte 1995 selbstständiger Logistikberater in Bereichen Beschaffung, Produktion, Distribution und Entsorgung. Besondere Beratungsschwerpunkte liegen heute im Bereich der Prozessoptimierung unter Berücksichtigung von japanischen Fertigungsmethoden und Lean Management. (www.logistik-optimierung.de/)

Verantwortlicher Autor Kap. 1

Inhaltsverzeichnis

Systeme und Prozesse 1

1.1 Einführung

„Industrie 4.0“, „Digitale Fabrik“, „Lean Management“ und viele andere Schlagworte erscheinen heute in den Medien und anderen Informationsquellen des Industriepraktikers: Leider wird kaum darauf eingegangen, inwieweit und mit welchen Zielsetzungen diese Tendenzen das moderne mittelständische Unternehmen tangieren. Noch weniger wird dem kleinen und mittelständischen Unternehmen dargelegt, dass sich in seinen produzierenden, automatisierten Unternehmensbereichen der Schritt zur „digitalen“ Fabrik längst vollzogen hat („CAE“ und „CAD“).

Auch der „Lean Management“-Gedanke hat in den letzten Jahren, vor allem im mittelständischen Unternehmen Einzug gehalten. Nun ist es wichtig, diese teilweise sehr unterschiedlichen Ansätze zu synchronisieren und zu erkennen, dass „Industrie 4.0“, „Digitale Fabrik“ und „Lean Management“ keine konkurrierenden Ansätze sind, sondern durchaus unterstützende Möglichkeiten aufzeigen. Lean Produktion sorgt für den verschwendungsfreien Prozessablauf und die automatische Identifikation macht den logistischen und produzierenden Prozess sicherer und fehlerfreier.

1.2 Wo stehen wir in der automatischen Identifikation in den Unternehmen (KMU) heute?

Bei der Überwachung der Wertschöpfungsschritte im Bereich von Fertigung und Montage werden diese heute oft vom Mitarbeiter oder vom Vorgesetzten auf Baugruppen- bzw. Fertigstellungsebene am PC zurückgemeldet. Hier erfolgt überwiegend nur eine

H. Hippenmeyer, T. Moosmann, *Automatische Identifikation für Industrie 4.0*,
DOI 10.1007/978-3-662-52701-6_1

Fertigmeldung des Arbeitsschrittes. Eine Bewertung von Qualität oder eine Weitermeldung für den nächsten Wertschöpfungsschritt fehlt oftmals gänzlich.

In fortschrittlichen Unternehmen können über die Artikelnummer die Teile als Zeichnung oder Bilder aus der Artikelstammdatendatei aufgerufen werden. Diese Möglichkeit nimmt dem Suchenden etwas Unsicherheit aber die Eindeutigkeit eines Artikels ist nicht gegeben.

Im Bereich der Kommissionierung findet die Objektidentifikation in vielen Unternehmen mittels Handheld-Terminal statt. Hier gibt es heute auch noch die Differenzierung zwischen Batch und Onlineverarbeitung. Bei Systemen die schon einige Jahre in Betrieb sind, handelt es sich oft noch um Leseeinrichtungen auf Laserbasis. Mit kamera- bzw. videobasierten Systemen sind Objektmerkmale erfassbar, die weit über die automatische Identifikation hinausgehen. So sind zum Beispiel für die Qualitätssicherung wesentliche Teileabweichungen oder -Beschädigungen auch bildhaft erfassbar und übertragbar.

Bei PICK by Voice findet in den meisten Fällen keine Objektidentifikation bzw. nur das Ansagen der Artikelnummer. Und der verlangten Stückzahl statt. Teilweise werden zur Reduzierung von Kommissionierfehlern auch „Fingerscanner" eingesetzt.

Bei PICK by Light ist der Entnahmeort mit Lichtzeichen markiert aber eine Objektidentifikation zur Fehlervermeidung findet meist nicht statt.

Für die beiden zuletzt genannten Kommissionierprozesse wird die automatische Identifikation viel zu wenig eingesetzt, teilweise auch aus dem Grund der etwas schwierigeren Handhabung von Hand-Held-Terminals: Diese können heute jedoch durch festmontierte Systeme leicht ersetzt werden, wodurch sich die Objektidentifikation auf ein einfaches „präsentieren" des Objektes reduziert und weder den Bediener belastet noch irgend eine zusätzliche Zeit beansprucht.

1.3 Stammdatenverwaltung

Es gibt nur wenige Unternehmen bei denen eindeutige Artikelstammdatenzuordnung mit großer Klarheit mit „Ja" beantwortet werden kann. Hier treffen immer wieder zwei Fronten aufeinander: auf der eine Seite die unendliche Kreativität des Menschen und die (gewünschte) Eindeutigkeit einer Artikelnummer. Spätestens bei der Rückverfolgbarkeit oder sobald Regressansprüche auf ein Unternehmen zukommen rächt sich die Großzügigkeit in der Artikelstammdatenverwaltung. Je schneller sich ein Unternehmen für die eindeutige Artikelnummern festlegen, desto mehr Klarheit ist gegeben hat man dann auch bei der Einführung der automatischen Identifikation.

Ein weiteres Hindernis stellt die in vielen Fällen nicht durchgängige Objektidentifikation dar. Dadurch sind Prozesse nicht durchgängig verfolgbar und eine Informationsweitergabe an die nächste Station oder den folgenden Wertschöpfungsschritt ist nicht möglich. Hiermit könnten Optimierungspotenziale in der Qualitätssicherung und der Auftragssteuerung gehoben werden.

Auch die fehlende (direkte, d. h. am Objekt selbst erfassbare) Objektkennzeichnung nimmt dem Prozess oftmals die Stabilität. Hierzu finden sich Hinweise in Kap. 3.

1.4 Was fordern Prozessmanager von der automatischen Identifikation?

Der Prozessmanager hat die Verantwortung für einen reibungslosen, optimierten und zielorientierten Betriebsablauf. Ob er wie im Großunternehmen von einem mit Visualisierungstechnik gut ausgestatteten Leitstand mit mehreren Mitarbeitern aus operiert oder wie im Kleinbetrieb, als CNC-Maschinenführer „sein eigener" Prozessmanager ist, seine Basis für sinnvolle Entscheidungen muss in beiden Fällen die Verfügbarkeit eines aktuellen Systemabbildes in Material, Ressourcen und Prozessständen sein.

Die automatische Identifikation kann insbesondere was die Verfügbarkeit und den Standort von Materialien und sonstigen Ressourcen sowie zu den Prozessständen die notwendigen Daten ohne Verzug liefern: Grundvoraussetzung hierfür ist mit Sicherheit die Möglichkeit, Objekte die sich auf dem komplexen Weg durch ein komplexes Produktionssystem befinden, an ausgezeichneten Punkten identifizieren zu können. Diese Aufgabenstellung lässt sich eigentlich nur auf einem Wege sicher und effizient lösen:

Im industriellen Bereich ebenso wie in Distribution, Logistik und Handel hat sich die automatische Identifikation auf der Basis optisch oder elektronisch erfassbarer Merkmale („Barcode" oder „RFID") durchgesetzt und einen bemerkenswerten Stand erreicht. Es ist wie später gezeigt wird möglich, praktisch alle im industriellen Bereich vorkommenden Materialformen, Baugruppen, Produkte und sonstige Hilfsmittel vom Werkzeug bis zum Ladungsträger oder Lagerort kostengünstig zu kennzeichnen und mit geringem Aufwand eindeutig zu identifizieren. Die Identifizierung erfolgt mit entsprechenden handlichen Geräten in Sekundenbruchteilen und online, d. h. die erfassten Daten sind ohne Verzug im IT-System verfügbar.

Eine weitere Aufgabenstellung, den Standort von Objekten im intralogistischen Materialfluß (in der Fläche) automatisch zu erfassen lässt sich noch nicht im gewünschten Umfang lösen: Hier wird man auf die indirekte Methode, d. h. die Verknüpfung einer Objektidentifizierung mit dem aktuellen (unmittelbar vorher oder nachher) erfassten Ort zurückgreifen.

Damit sind die Forderungen des Prozessmanagers an die automatische Identifikation in Kürze beschrieben, andererseits aber auch die Notwendigkeit, das Prozessmanagement in die Definition und Planung eines Systems zur automatischen Identifikation mit einzubeziehen. Der Prozessmanager (der im kleinen Unternehmen auch vielfach die Steuerung der Intralogistik übernimmt) ist im Hinblick auf die sinnvolle Gestaltung der Infrastruktur die wesentliche Informationsquelle. Er sollte die Ausrüstung aller in seinem Bereich vorkommenden Materialien, Baugruppen oder Fertigprodukt als auch sonstiger Hilfsmittel mit automatisch erfassbaren Kennzeichnungen (ob Barcode, 2-D-Code oder RFID-Tag) schon im Entwicklungsstadium fordern und fördern!

1.5 Wie kann man mit der automatischen Identifikation die Optimierung der Geschäftsprozesse vorantreiben?

Die Basis aller logistischen Gedanken ist die „ganzheitliche" Betrachtung. Die „LEAN"-Philosophie mit den Ansätzen Standardisierung der Abläufe/Prozesse und Infrastruktur wie auch die Themen kontinuierlicher Fluss, Takt auf Werker Ebene und der kontinuierliche Verbesserungsprozess (KVP) hat in vielen Unternehmen Einzug gehalten. Mit der automatischen Identifikation entsteht die Möglichkeit, die einzelnen Prozesse zu vernetzen und so eine Selbststeuerung zu erreichen. Das stärkt zum einen die Flexibilität in den Prozessdurchläufen aber auch die mit Hilfe der automatischen Identifikation erfassten Informationen zur Qualitätslage eines Prozesses können kurzfristige Änderungen nötig machen, um Nacharbeits- und Ausschussquoten zu reduzieren und um weitere Optimierungspotenziale der gesamten Prozesskette deutlich zu machen.

1.6 Wie wird der gesamte Prozessdurchlauf mit der automatischen Identifikation sicherer bzw. fehlerfreier ?

Wie bereits weiter oben erwähnt, ist die Grundlage für die automatische Identifikation die eindeutige Artikelnummer oder noch besser die eineindeutige Seriennummer. Über die eindeutige Artikelnummer entsteht die eindeutige Objektkennzeichnung. Über die eineindeutige Seriennummer, die im Gegensatz zur Artikelnummer nur einmal vergeben wird, wird eine Objektkennzeichnung noch sicherer. Bei der Objektkennzeichnung können bei der Auswahl der Code weitere Informationen des Prozessdurchlaufs berücksichtigt und danach zur Sicherstellung von Qualität und Prozessgenauigkeit herangezogen werden.

1.7 Durchgängige Prozessinformationen

Heute scheitern Prozessoptimierungen sehr oft an den nicht durchgängigen Prozessinformationen. Zielgrößen wie Kosten, Zeit, Fehlerquote oder Kapazitätsauslastung können über die eindeutige Objektkennzeichnung und deren konsequente Erfassung in allen Stufen des internen Produktweges (Entwicklung, Produktion, After-Sales) als auch in den externen Bereichen (Supply Chain Management, SCM) erfasst und damit bewertet werden. Diese Basisinformationen aus der automatischen Identifikation können für die

Weiterentwicklung von Produkten und Prozessen die Grundlage liefern um auch neue Herangehensweisen an Materialien und Produktionsverfahren zu entwickeln, die zu Meilensteinen in der Produktentwicklung führen können. Es besteht auch die Möglichkeit über die Objektidentifikation die physische Arbeit des Menschen mit der Kenngröße „Körperbelastung" innerhalb eines Wertschöpfungsschrittes zu bewerten. Hieraus können dann im Bereich Produktionssteuerung z. B. Schlüsse gezogen werden, dass an Arbeitsplätzen mit hoher Körperbelastung einzelner Körperbereiche – auch unter Berücksichtigung des demographischen Wandels – über einen Einsatz eines Roboters nachgedacht werden kann um ständig wiederholende extreme Körperbelastungen zu reduzieren.

Die Verknüpfung der Informationen entlang der Lieferkette ist essenziell, wie z. B. in der chemischen Industrie wo Tracking und Tracing seit Jahren zum Stand er Technik gehört, wo Standortinformationen zu LKW's im Landverkehr und Rückmeldungen des Transportdienstleisters nach Ankunft und Entladung beim Empfänger gemeldet werden. Über das Tracking und Tracing können Transportströme stärker vernetzt und auf planerischer Ebene neue Optimierungspotenziale herausgearbeitet werden und zu Reduktion von Transportkapazitäten und Kosten führen.

Ein weiterer Vorteil der Verknüpfung von Logistik und IT wird deutlich beim Vendor-Managed Inventory wo der Kunde nicht mehr beim Lieferant bestellt, sondern der Materialbestand wird vom Lieferant IT-technisch überwacht und nach vereinbartem Bestandsmanagement automatisch mit Material versorgt wird. Hierunter fallen z. B. auch die verbreiteten KANBAN-Kreisläufe, deren Transaktionen mit Hilfe der automatischen Identifikationen sicherer gemacht werden können.

Aus den vorgenannten Beispielen wird deutlich wie die Supply Chain durch intelligente Systeme zum einen die Prognosequalität für die Produktion und Vorratshaltung steigt und zum anderen die Kundenzufriedenheit durch eine höhere Materialverfügbarkeit erhöht wird. Auch Engpässe können erkannt und daraus Gegenmaßnahmen abgeleitet werden.

1.8 Qualitätsmanagement

Mit dem Einsatz der automatischen Identifikation wird der Wertschöpfungsprozess in allen Bereichen entlang der Prozesskette gläsern. Die gilt in besonderem Maße bei der Qualitätsüberwachung. Hier sind im Rahmen der Objektkennzeichnung entlang der Wertschöpfungskette fast unendliche Informationen und Kennzahlen möglich, da über die Codierung genaue Qualitätsvorgaben hinterlegt und damit überwacht werden können. Durch die Vernetzung der Wertschöpfungsprozesse können Fehler sofort erkannt und damit die Nacharbeitsquote reduziert werden. Daraus resultierend kann die Anlagenlaufzeit erhöht sowie eine Verbesserung der Durchlaufzeit erreicht werden. Gerade in der Teilefertigung wo z. B. in der mechanischen Fertigung vom Rohling bis zum Fertigprodukt mehrere Wertschöpfungsstufen zu durchlaufen sind kann über die hinterlegten Informationen sofort erkannt werden, ob das Problem an der bearbeitenden Maschine oder an dem zu bearbeitenden Werkstück liegt. Aufgrund dieser Erkenntnisse kann sofort reagiert und eventueller Schaden so klein wie möglich gehalten werden.

1.9 Vernetzung und IT-Infrastruktur

Durch die Vernetzung (Industrie 4.0) müssen für viele industrielle Abläufe zweifellos neue Vorgehensweisen in der Handhabung des Informations- und Materialflusssynchronen Informationsfluss entwickelt werden.

Für alle an wertschöpfenden Prozessen Beteiligten muss der Grundsatz gelten, dass Logistik und IT künftig zusammen gedacht werden müssen. Mit dieser Denkweise entstehen in Verbindung mit der Vernetzung neue intelligente Systeme die durch ihre zusätzlichen Informationen entlang der Wertschöpfungskette neues „Wissen“ und dadurch Optimierungspotenziale hervorbringen, die die Prozessbetrachtung unter Umständen bis zur kompletten Neugestaltung verändern wird.

Was aber bei allen positiven Aspekten der Vernetzung nicht außer Acht gelassen werden darf, ist das Thema „Prozesssicherheit“, denn schon kleine „Störungen“ können die ganze Prozesskette in Gefahr bringen. Das bedeutet, dass im Rahmen von „Industrie 4.0“ das gesamte IT-System den neuen Anforderungen angepasst werden muss. Ein weiterer Aspekt stellt das Thema „Datensicherheit“ dar, d. h. das missbräuchliche Nutzen von sensiblen Daten muss im Zuge der Weiterentwicklung der IT-Strukturen (insbesondere der weltweiten Vernetzung von Produktion, Forschung und Entwicklung) durch geeignete Mittel strikt verhindert werden.

1.10 Vernetzung von R&D, Produktion, Logistik, Hersteller und Anwender

Die automatische Identifikation bietet bei der Vernetzung von Produktionsstätten entscheidende Vorteile. Prozesse können synchronisiert werden, da jederzeit ein reales Abbild von voneinander abhängigen Prozessen verfügbar ist und deren (terminliche) Relationen immer sichtbar sind.

Das bedeutet, dass unterschiedliche Wertschöpfungsprozesse parallel oder aber optimiert gestaffelt gestartet werden können und den Zusammenführungspunkt zeitlich richtig erreichen.

Dadurch können Produktionszeiten und die damit verbundenen Lieferzeiten reduziert werden. Auch das Bestandsmanagement kann über die automatische Identifikation besser bewertet und die Nachschubsteuerung effizienter organisiert werden.

Aufgrund der automatischen Identifikation wird der gesamte interne Materialfluss transparenter und so können aufgrund vorauseilender Informationen Rüstprozesse organisiert und der Bearbeitungsprozess kann mit dem Eintreffen der Objekte gestartet werden.

Auch diese Optimierungen bringen dem Produktionsplaner neue Gestaltungsmöglichkeiten und steigern die Produktivität und die Maschinenauslastung.

Weitere Punkte die mit Hilfe der automatischen Identifikation verbessert werden können:

- Die Produktherkunftssicherung und der Plagiatsschutz können vor allem durch den Einsatz der RFID-Technik sicherer gestaltet werden.
- Im komplexen Anlagenbau können Teileverfügbarkeit, Lagerorte, Montagereihenfolgen und Prüfungen erfasst, gesteuert und auch dokumentiert werden.
- Im Handel können Konsumgüter wesentlich sicherer verwaltet und deren Nutzung überwacht werden.
- In der Organisation der vorbeugenden oder vorrausschauenden Instandhaltung von Maschinen und Anlagen mit Verschleißteilen, z. B. bei Unternehmen des Verkehrs oder bei großen Produktionsanlagen, bietet die automatische Identifikation ein ganzes „Lösungspaket" für die Teilerückverfolgung, Erfassung von Nutzungszeiten, Ersatzteilbeschaffung, Kostenerfassung und Prozessoptimierung.

Die oben genannten Punkte werden nachstehend noch weiter erläutert:

Große Optimierungspotenziale können im Bereich des Anlagenbaus mit der automatischen Identifikation freigesetzt werden. In den Bereichen des Maschinenbaus wo Bauzeiten von einigen Wochen bis zu mehreren Jahren anstehen, z. B. Kraftwerksbau, Industrieanlagenbau, Schienenfahrzeuge, Seilbahnen usw. können über die Objektidentifikation die Teile organisatorisch vernetzt aber auch für den Fertigungs- und Montageprozess Informationen und Kennzahlen vorgegeben bzw. zur Überwachung von Qualität und Funktion hinterlegt und damit prüfbar werden. Aufgrund der Prüfbarkeit des Fertigungs- bzw. Montageprozesses entsteht über die Objektidentifikation Eindeutigkeit und Sicherheit, dass die Schritte in der vorgegebenen Reihenfolge eingehalten und für den Anlagenanlauf bei auftretenden Anlaufstörungen prüfbar und damit rückverfolgbar werden, damit werden Fehler zunächst vermieden, entstandene Fehler werden schneller erkannt und aufgelöst. In diesen Projekten kann die Objektidentifikation bereits im Produktentwicklungsprozess ein Hilfsmittel sein, da aufgrund der Teilevielfalt die Organisation von Verfügbarkeit und Reihenfolgebestimmung für alle am Anlagenentstehungsprozess Beteiligten Klarheit und Transparenz bringt. Sowohl für die Materialbereitstellung wie auch für die Montagereihenfolge und Anlagenstart können große Zeitersparnisse gehoben werden.

Herstellprozesse die bis zur Fertigstellung eines Produktes mehrere Wertschöpfungsschritte durchlaufen, können mittels Objektidentifikation gesteuert, überwacht und kontrolliert werden. Durch die Objektkennzeichnung können für jeden Prozessschritt eine oder mehrere Codierungen hinterlegt werden, die vom vor- bzw. nachgelagerten Prozessmitarbeiter angesehen und bewertet werden, um im nächsten Wertschöpfungsschritt die richtigen Schlüsse zu ziehen, damit Nacharbeitskosten reduziert und die Wertschöpfungszeiten erhöht werden können.

Aufgrund hinterlegter Wiederbeschaffungszeiten kann das Bestandsmanagement an die jeweiligen Artikelverbräuche besser angepasst und der daraus resultierenden erhöhten Produktivität zu Lagerbestandsreduzierungen führen.

Auch im Handel kann die automatische Identifikation gewinnbringend eingesetzt werden. Branchen mit intensivem Verleihgeschäft können mittels Bar- und 2D-Code die Verwaltung der Gebrauchsgüter effizient steuern. Durch den 2D Code können in der Objektkennzeichnung Daten hinterlegt werden, die die Rücknahme eines ausgeliehenen Gebrauchsgutes bestätigen, als auch die Serviceabwicklung (Verschleißteileverbrauch, Abnutzung und Beschädigungen) im Verleih überwachen. Außer der Objektkennzeichnung hilft hier eine kamera- oder videobasierte Leseeinheit welche den zu verleihenden Gebrauchsgüterfluss besser kontrollieren und verwalten kann. Über kamera- und videobasierte Leseeinheiten können auch einfachere Ordnungsstrukturen im Einzelhandelsregal sowie die Inventurabwicklung organisiert werden.

Aufgrund der Kennzeichnung aller Objekte und deren Vernetzung untereinander können Bewegungen und Veränderungen entlang der Prozesskette erkannt werden. Dadurch werden die Prozesse von der Entwicklung über alle Stufen bis zum Aftersales gläsern. Im Rahmen der automatischen Identifikation besteht die Möglichkeit den einzelnen Objekten individuelle Daten vorzugeben, die im jeweiligen Prozessabschnitt aktiviert und für den vor- bzw. nachgelagerten Wertschöpfungsprozess Informationen liefern und damit einen erfolgreichen Herstellungsprozess sicherstellen. Hier können Vorgaben in den einzelnen Wertschöpfungsschritten überwacht und bei Störungen am bzw. im Produkt sowie am Prozess rückverfolgbar und damit nachvollziehbar werden. Dies gibt Geschäftsprozessen die notwendige Stabilität wie auch die Sicherheit um in der Produktweiterentwicklung Einflussgrößen festzustellen, die den Weiterentwicklungsprozess der nächsten Generation beeinflussen können. Auch die Unternehmensbereiche Sales und Aftersales können über die Objektkennzeichnung Verbraucherinformationen erhalten. Aus diesen Verbraucherkontakten können Informationen direkt in die Produktweiterentwicklung fließen, um für die jeweiligen Produkte eine noch bessere Marktposition zu gewährleisten.

Für den Bereich von Maschinen und Anlagen ganz besonders für Beförderungseinheiten des öffentlichen Verkehrs wo vorbeugende bzw. vorausschauende Instandhaltung aufgrund der Verschleißteilsituation ein Dauerthema ist, kann die automatische Identifikation den Planungsprozess stabilisieren und die Instandhaltungsdurchführungsprozesse erheblich verkürzen. Beispiel Radsatzwechsel Güterwagen: Radsätze mit und ohne Bremsen gehören zu den Verschleißteilen eines Güterwagens und werden aufgrund unterschiedlicher Laufleistungen immer wieder aufgearbeitet. Je nach Laufleistung sind größere und kleinere Instandsetzungsvorgaben zu berücksichtigen, die in unterschiedlichen Zyklen abzuarbeiten sind. Beim in Abschn. 4.3.2 beschriebenen Beispiel besteht die Möglichkeit, den Radsatz mit einem RFID-Tag auszustatten, über welchen an den installierten Lesestationen im jeweiligen Schienenverkehrsnetz der Leistungsspeicher ausgelesen werden kann, um die Informationen an den Instandhaltungsplaner weiterzuleiten. Anhand dieser Informationen kann der Planer die nächste Radsatzaufarbeitung einschätzen und den entsprechenden Radsatz zur nächsten Aufarbeitung im Instandhaltungswerk auf

Arbeitsplatzebene einbuchen. Der Planer erkennt aus den ausgelesenen Informationen die zu erneuernde Teile, um den Beschaffungsorganisationsprozess zu starten. Über diese Art der Beschaffung kann mittels Wiederbeschaffungszeit der Teilenachschub beim jeweiligen Lieferanten organisiert werden. Aufgrund der eindeutigen Objektkennzeichnung und den bereitgestellten Verschleißinformationen wird zum einen die Qualität der Teile bewertet aber auch die Instandhaltungsabwicklung festgehalten, sodass die Rückverfolgbarkeit des Gesamtprozesses gewährleistet ist. Dies sorgt für Sicherheit, Eindeutigkeit und Klarheit vor allem im Schadensfall. In diesem Beispiel wird aufgezeigt wie der Instandhaltungsprozess planbar, messbar, gläsern wird und damit die notwendige Prozesssicherheit erreicht und somit ein effizienter Gesamtprozess gestaltet werden kann.

Die automatische Identifikation hilft auch im Feld, also während der Nutzung eines Produktes, die Verbindung zwischen Hersteller und Anwender neu zu gestalten:

Über die Objektkennzeichnung (2D-Code) kann jeder Hersteller zum Kunden Kontakt aufnehmen. Bei allen Mobiltelefonanbietern kann eine Codelesesoftware als App heruntergeladen werden. Über diesen Weg hat jeder Hersteller die Möglichkeit zum entsprechenden Verbraucherkreis Kontakt aufzunehmen. Durch diese Kontakte können Produktzufriedenheit, Einsatzmöglichkeiten erkannt als auch Informationen an den Verbraucher, z. B. Produktneuheiten oder Rabattaktionen übermittelt werden. Diese Kommunikation kann in beide Richtungen(Hersteller-Verbraucher) genutzt werden.

Bei Gebrauchsgütern kann über die Objektidentifikation die Herkunft von Graumarkt-Produkten festgestellt werden. Das Objektmerkmal identifiziert die Ware und den Prozessweg. Weiter wird über das Objektmerkmal der Herstellprozess überwacht und somit Garantieansprüche auf die Richtigkeit geprüft. Bei Gebrauchsgütern mit Verschleißteilen, die von einem Dienstleister bearbeitet bzw. ausgetauscht werden, kann eine Information in Form einer Behandlungsanweisung für den Dienstleister im Objektmerkmal hinterlegt werden.

Ein Mehrwert aus der Objektidentifikation bietet die Smartphone-App. Hier besteht die Möglichkeit für Hersteller eigene Apps zu entwickeln, um den „Wohlfühlfaktor" des Kunden erheblich zu steigern. Nachfolgend hier einige Möglichkeiten:

Gebrauchsanweisungen: Über die App bestehen alle Möglichkeiten der Darstellung und Information.

Service – Ersatzteile: Aufgrund eines z. B. QR-Codes kann je nach Produkt für Händler, Dienstleister oder Kunde eine Ersatzteilliste mittels Smartphone aufgerufen werden um die benötigten Ersatzteile als Bestellung abzuwickeln. Dies wird den Gesamtprozess erheblich stabiler, einfacher und kostengünstiger machen.

Service-Kundenkontakt: Das Objektmerkmal z. B. QR-Code kann die Basis zum Endkunden aufbauen. Mit dem Einlesen des Objektmerkmals wird der Kunde aufgefordert, seine persönlichen Daten einzugeben. So besteht jederzeit Kontakt zum Kunden. Es wird ein perfektes CRM aufgebaut und damit eine langjährige Kundenbeziehung eingerichtet.

Service-Infrastruktur: Es besteht die Möglichkeit, z. B. für Sportartikelhersteller (Ski, Fahrrad, Tennis, Golf usw.) einen Service zu Sportorten und Sportstätten aufzubauen wo in bestimmten Zeiträumen Sondervereinbarungen oder Preisvorteile gelten, sodass beim

Kunden das Gefühl entstehen kann „die kümmern sich um mich". Diese Dienstleistung ist noch erweiterbar mit dem Aufrufen des aktuellen Wetterberichtes am angedachten Sportbetätigungsort.

Service-Buchung + Reservierung: Aufgrund des Tatbestandes, dass speziell im Sportartikelbereich das Verleihgeschäft stetig wächst, ist Kundenbindung ein wichtiges Thema. Beispiel Skiverleih: Ein Verleihkunde macht Ende Januar am Arlberg/Österreich Skiurlaub mit geliehenen Skiern. Mit dem Ski und Bindung war er sehr zufrieden und möchte sich bei einem Verleiher in Saas Fee/Schweiz diesen Skityp mit Bindung reservieren für die 2. März-Woche. Über das Einlesen des QR-Codes per Smartphone besteht die Möglichkeit, dass der versierte Kunde sich diesen Skityp mit Bindung selbst reserviert. Für alle anderen Kunden könnte diesen Service der Verleiher übernehmen.

Dies sind Beispiele wie durch automatische Identifikation ein Mehrwertnutzen generiert werden kann. Die Vernetzung Objektmerkmal und Smartphone-App bietet neue Gestaltungsräume über den weiterer großer Nutzen generiert werden kann.

Literatur

1. **Intralogistik Potentiale, Perspektiven, Prognosen Hrsg. v. Dieter Arnold** Verlag: Springer, Berlin 2006. ISBN-13: 9783540296577 ISBN-10: 3540296573 Best.Nr.: 15204975

2 Identität und Identifikation

2.1 Der Begriff „Identität"

Der Begriff Identität ist weitreichend und wird mit den unterschiedlichsten Bedeutungen besetzt. Im technisch-organisatorischen Bereich hat er jedoch eine eigene Bedeutung erlangt:

Die Identität eines physischen Objektes oder eines Prozesses (repräsentiert durch z. B. eine Prozessbeschreibung, eine Arbeitsanweisung, eine Prüfvorschrift u.s.w.) soll eindeutig erkennbar und damit überall erfassbar werden, sodass ein bestimmtes Objekt als einzelnes, also eineindeutig von anderen, „ähnlichen" Objekten unterschieden werden kann.

Diese Aufgabe stellt sich in einem informatisch vernetzten System das den Ideen und Anforderungen von „Industrie 4.0" entsprechen soll verstärkt. Es ist geradezu unabdingbar dass sich in einem zukünftigen Produktions- oder Distributionssystem Objekte mit einer maschinenlesbaren Kennzeichnung unterwegs sind: Es macht in einer rechnergestützten bzw. –gesteuerten Umgebung wenig Sinn, mit unbekannten Objekten umzugehen. Auch das Internet of Things (IoT) macht nur Sinn, wenn Kommunikationsteilnehmer einander erkennen können.

Die Identität eines Objekts lässt sich wie folgt beschreiben:

> „Die Identität eines Objektes ist ein dem Objekt eigener Merkmalssatz, der es erlaubt, dieses Objekt eineindeutig zu erkennen und von anderen, ähnlichen (gleichartigen) zu unterscheiden."

Dieser Merkmalssatz kann natürliche Merkmale eines Objektes nutzen, z. B. Oberflächentexturen o. a. Oberflächenmerkmale.

H. Hippenmeyer, T. Moosmann, *Automatische Identifikation für Industrie 4.0*,
DOI 10.1007/978-3-662-52701-6_2

Beispiel hierfür z.B. im Bereich der Personenidentifizierung ist die Nutzung des Fingerabdrucks, der seit ca. 1850 als Identifikationsmerkmal dient und heute, dank elektronisch-optischer außerordentlich preiswerter Systeme im Bereich der „Benutzeridentifikation" am PC wieder eine Renaissance erlebt.

Auch andere personentypische Merkmale werden heute genutzt: Irisbild, Venenstruktur, Gesicht (Form, Farbe, Topografie 3D) u.a.m. Alle genannten Merkmale werden heute unter dem Begriff „Biometrie" als Identmerkmale eingesetzt.

Natürliche Identmerkmale finden sich jedoch auch in technischen Produkten: Nahezu alle Oberflächen von technischen Produkten, die vielfältigen technischen Verfahren hergestellt werden weisen mehr oder weniger ausgeprägte einzigartige zufällige Strukturen auf, die als Identitätsmerkmale geeignet sind. So sind Oberflächen von Gussteilen geeignet, ohne weiteres künstliches Merkmal jedem Teil eine eigene Identität zuzuweisen und diese problemlos im Laufe einer Prozesskette immer wieder zu erfassen.

Die oben genannten Merkmale werden als „natürliche Identmerkmale" in Zukunft an Bedeutung gewinnen, da zur Erfassung (kamerabasierte Systeme) als auch zur Auswertung preisgünstige technische Hilfsmittel zur Verfügung stehen.

Abb. 2.1 zeigt die Oberflächenstruktur eines im Sandguss hergestellten Gussteils, diese Oberflächenstruktur ist absolut stochastisch und „einmalig", d.h. sie könnte als natürliches Identmerkmal verwendet werden

Physische Objekte können im technisch-logistischen Bereich auch mit künstlichen, symbolischen Merkmalen ausgerüstet werden: Seit ca. 1950 ist die Objektkennzeichnung mit sogenannten Strichcode bekannt. Seit der Einführung des UPC (Universal Product Code) in den USA bis hin zum EAN-Code (Europa) ist die Erfassung einer Objektkennzeichnung zu kommerziellen Zwecken mit entsprechenden Lesegeräten Stand der

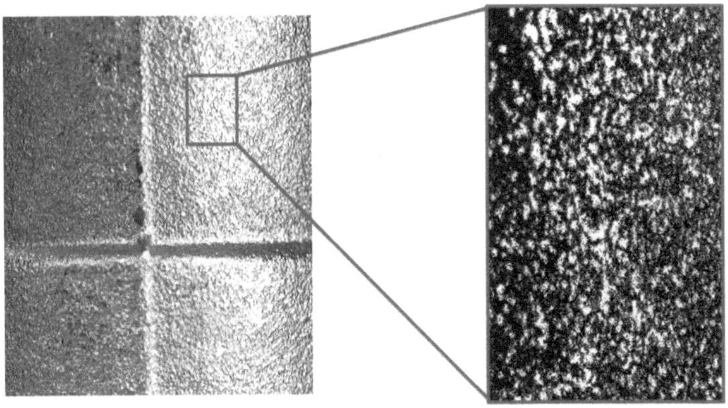

Abb. 2.1 Gussoberfläche als „Fingerprint"

Abb. 2.2 Identmerkmale

Technik. Es ist erkennbar, dass die Objektkennzeichnung und deren Nutzung im Distributions- und Handelsbereich erheblich weiter fortgeschritten ist als im produktionsnahen, industriellen Bereich.

Allerdings lassen sich mit den Codierungen wie oben beschrieben, die ja nur auf einer einfachen (relativ kurzen) Ziffernfolge bestehen, keine eineindeutigen Identitäten feststellen: Mit dem Merkmal EAN-Code lässt sich nur die Zugehörigkeit eines Objektes zu einer bestimmten Objektmenge oder Objektgruppe erkennen: d. h. es lassen sich mit diesen Codes nur beispielsweise der Preis oder andere gruppenspezifische Eigenschaften aufrufen.

Abb. 2.2 zeigt einige häufig angewendete Identmerkmale die in der Regel aus einer Klarschriftkennzeichnung und einer Codierung kombiniert werden.

2.2 Identität und Kennzeichnung

2.2.1 Kennzeichnungshierarchie

Praktisch in allen industriellen Systemen, in der Produktion wie im Handel, auch im Dienstleistungs- (Service-) Bereich werden heute Objekte, Prozesse und auch alle in den Prozessen verwendeten Hilfsmittel, Werkzeuge und Maschinen mit einem „Kennzeichen“ belegt. Durchgesetzt hat sich die vermeintlich eindeutige Benennung eines Objektes mit einer einfachen, meist numerischen Zeichenfolge: Die „Materialnummer" oder „Sachnummer" bildet heut die Grundlage (Bzw. den Zeiger) um Informationen zu verknüpfen: es wird davon ausgegangen, dass eine solche Kennzeichnung im Rahmen einer Kommunikation vom Kommunikationspartner verstanden und richtig interpretiert wird. So werden in den meisten Fällen innerhalb eines Unternehmens die meisten Transaktionen, produktiven und logistischen auch richtig gesteuert. Mit den Ideen der „Industrie 4.0" werden solche Kennzeichnungssysteme einer wesentlichen Änderung bedürfen. Wie in der nachstehenden Abbildung dargestellt gibt es in einem Unternehmen die unterschiedlichsten Nummernkreise mit den unterschiedlichsten Funktionen, die jedoch alle Objekt- oder prozessbezogen sind.

Die in Abb. 2.3 dargestellten Bezeichnungen (und weitere mehr) werden im industriellen Bereich (meist in Verbindung mit einem numerischen Index) zur Kennzeichnung von Objekten und Prozessen angewendet.

Diese Kennzeichen („Nummern") weisen in der Regel folgende Eigenschaften auf:

a) **Es sind rein numerische Zeichenfolgen, die in den meisten Fällen auch ohne Prüfzifferverfahren benutzt werden**
b) **Die Semantik ist in praktisch allen Nummernsystemen nicht integriert, d. h. eine Ziffernfolge (z. B. die überall als solche genutzte „Materialnummer") weist in der Zeichenkette keinerlei Merkmal auf, dass es sich um eine solche handelt.**

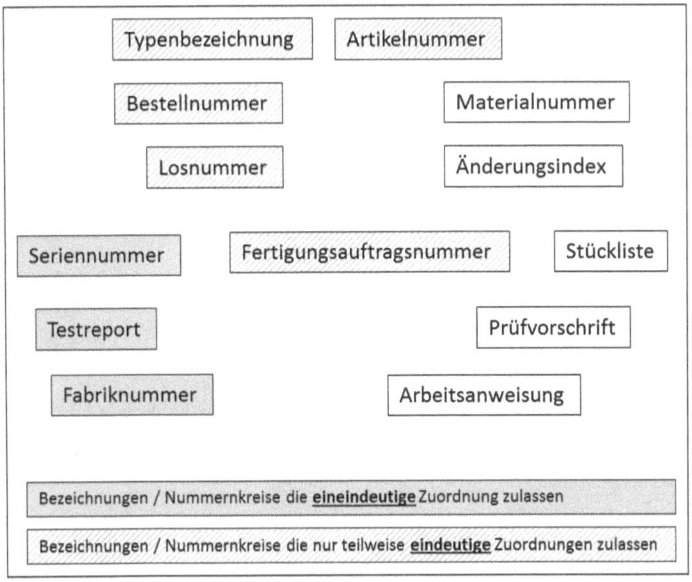

Abb. 2.3 Beispiele von Bezeichnungen

Dies bedeutet, dass solche Kennzeichnungssysteme im Rahmen von „INDUSTRIE 4.0“ nicht nutzbar sind. Dies gilt umso mehr, als „INDUSTRIE 4.0“ gerade über System- und Unternehmensgrenzen hinweg vernetzte und kommunikative Objekte fordert. Die Adaption eines Unternehmens wird daher im Bereich der Materialkennzeichnung Veränderungen erfordern:

a) Überarbeitung des internen Nummern- bzw. Kennzeichnungssystem
b) Logisch eindeutige, widerspruchsfreie und deterministische Relationen zwischen den einzelnen Datennutzern und Datenquellen
c) Publikation der eigenen Richtlinien und Kennzeichnungsnormen inkl. der den Daten zugrunde liegenden Semantik, d. h. der Nutzer einer Objektkennzeichnung soll in der Kennzeichnung selbst erfahren um welchen Datentyp es sich handelt. Dadurch wird eine sinnvolle Interpretation von automatisch erkannten Kennzeichnungen möglich.

Der in c) genannte Aspekt steht in keinem Widerspruch zu den berechtigten Forderungen nach Geheimhaltung von Firmendaten, da die Öffnung weiterer Links nach z. B. der Lesung einer „Seriennummer“ selbstverständlich in der Entscheidung des Produzenten verbleibt.

Die sinnvolle Nutzung einer Objektkennzeichnung wird jedoch erheblich vereinfacht und sinnvoll möglich durch konsequente Beachtung von c).

Ein gutes Beispiel hierfür bietet heute schon in Ansätzen die Nutzung des EAN-Code: Es lassen sich ohne Schwierigkeiten Herstellerland, Hersteller und eine (sehr einfache) Produktnummer entnehmen. Sowohl die normierte Darstellung, Codierung und ein entsprechendes Akkreditierungsverfahren haben den Erfolg dieser Kennzeichnung ermöglicht.

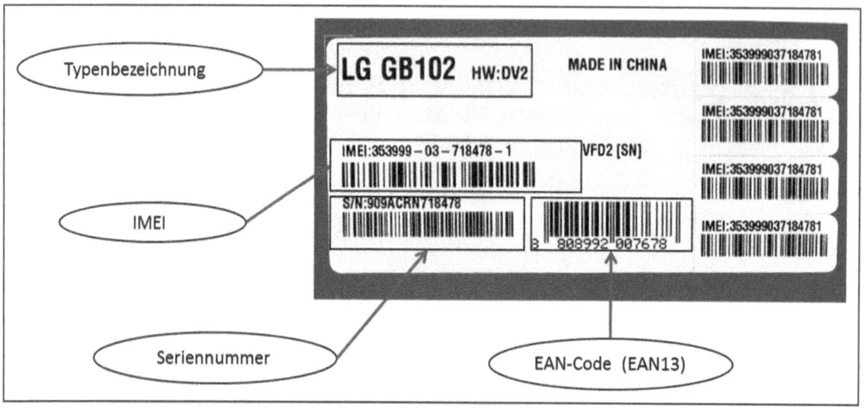

Abb. 2.4 Kennzeichnung einer Smartphone-Verpackung

Es ist jedoch davon auszugehen, dass sich dieser Normierungsgrad im industriellen, produktiven Bereich kurzfristig nicht erreichen lässt.

In Abb. 2.4 ist ersichtlich, dass zur Produktkennzeichnung mehrere Datensätze angezeigt werden: Zunächst eine Typenbezeichnung (TNR) in Klarschrift. Diese Typenbezeichnung ist als Basis für eine Informationsgewinnung völlig unzureichend, da viel zu global, da sie sich auf eine Produktmenge von zigtausend Geräten bezieht, die sicher die unterschiedlichsten technischen Stände aufweisen. Ein solches Merkmal noch zu codieren wäre sinnlos.

Die nächste Angabe IMEI 36.... bezieht sich nun auf eine internationale Normierung und kennzeichnet eineindeutig das in Frage stehende Gerät: Der Nummernkreis ist international gültig, sodass weltweit nur dieses Gerät dieses Kennzeichen trägt. Das Kennzeichen bzw. die IMEI (International Mobile Equipment Identity) wird vom Hersteller zwar aufgebracht, die Nummernkreise werden jedoch von verschiedenen Akkreditierungsstellen vergeben.

Weiteres Merkmal ist die Seriennummer (SNR) 909ACR......, die ebenfalls als eineindeutiges Merkmal gelten kann, obwohl deren Interpretierbarkeit nur in Verbindung mit der Herstellerangabe wirklich möglich ist.

2.2.2 Dateninhalt einer Kennzeichnung

Wie in 2.2.1 bereits dargelegt, werden in vielen industriellen produktiven Systemen Kennzeichnungen verwendet, die nur „scheinbar" eine eineindeutige Objektkennzeichnung ermöglichen: abhängig von der organisatorischen Struktur werden häufig Kennzeichnungen, z. B. mit einer Materialnummer angewandt ohne zu beachten, dass zur Systemsteuerung im Sinne von „INDUSTRIE 4.0" wesentlich mehr erforderlich ist:

Zukünftig werden alle Daten und Verfahren die ein bestimmtes Objekt betreffen über die systemübergreifende Vernetzung an jedem Ort verfügbar sein, jedoch nur unter der Voraussetzung, dass eben die Objekte an jeder Stelle eineindeutig identifizierbar sind.

Hierfür ist ein entsprechender Umfang der Objektkennzeichnung notwendig: Eine einfache Strichcodierung mit begrenztem Dateninhalt (auch bei alphanumerischer Symbolik) ist hier nicht mehr ausreichend: Objektkennzeichnungen die im „INDUSTRIE 4.0" Umfeld tragfähig sind sollten in jedem Fall als 2-D-Codierung mit minimal 16-stelligem Datenfeld und zusätzlichem Kennzeichnungsidentifier (INR) ausgeführt werden. Die Vorteile der 2-D-Codierung gegenüber dem einfachen Barcode werden in Kap. 3 weiter ausgeführt.

Es ist davon auszugehen, dass die manuelle Dateneingabe in der „INDUSTRIE 4.0"-Umgebung verschwinden wird. Im realen Beispiel wir in Kap. 6 dargestellt, dass bei entsprechender Vorbereitung und logischer Struktur keinerlei manuelle Dateneingaben mehr erforderlich sind.

2.2.3 Zeitstempel und Datumscode

In einem „INDUSTRIE 4.0“ orientierten Produktions- bzw. Logistikumfeld werden Objekte und Prozesse als auch der Bearbeiter über entsprechende Merkmale eindeutig identifizierbar sein: Materialbewegungen, Prozesse werden so nachverfolgbar. Wesentliches Merkmal jedes Vorganges ist außer den Identitäten der beteiligten Elemente auch der Zeitpunkt, an dem ein Vorgang begonnen oder abgeschlossen wird. Dies gilt sowohl für bearbeitende Prozesse, für Prüfprozesse und alle weiteren logistischen Prozesse, auch wenn vielfach ein Materialfluss zwischen zwei Arbeitsprozessen gar nicht als „logistischer“ Prozess betrachtet wird. Die Integration eines Zeitstempels in die Datenerfassung bietet hier eine Reihe von Vorteilen:

- **Es lassen sich Abweichungen des Materialflusses von Planungsdaten erkennen: Hier kann ein ERP-System korrigierend eingreifen oder es wird eine Abweichung akzeptiert und der Planungsstand entsprechend optimiert.**
- **Es lassen sich Materialverweilzeiten, Puffergrößen, inakzeptable Lagerorte u.v.m. analysieren und davon ausgehend Materialflüsse optimieren**
- **Ebenfalls leicht analysierbar sind Fehler in der Ein- Auslagerstrategie**
- **Es lassen sich sinnvoll und plausibel Materialflüsse rückverfolgen**

Der Zeitstempel ist wie beschrieben eines der wesentlichen Elemente zum Plausibilitätscheck und führt beim Übergang von Batchorientierter Objektidentifikation zur Einzelobjektkennzeichnung durch die erhaltene Sequenz ohne weiteres zu korrekten Zuordnungen. Aus den o. g. Gründen sollte der Zeitstempel in der Datenerfassung in „INDUSTRIE 4.0“ orientierten Systemen in jedem Fall zum Einsatz kommen, Geräte zur Datenerfassung ohne Zeitstempelausgabe sollten zukünftig nicht mehr eingesetzt werden.

Literatur

1. **Elementare Zahlentheorie von Friedhelm Padberg, G. Hinrichs (Assistent)** Verlag: Spektrum Akademischer Verlag; Auflage: 3. Aufl. 2008 ISBN-10: 3827417597 ISBN-13: 978-3827417596

3 Objektkennzeichnung

Der Begriff „Objektkennzeichnung“ erfordert zunächst eine Erläuterung im Hinblick auf seine Anwendung und Bedeutung: Im Gegensatz zur konventionellen Annahme, mit „Objekt“ seien nur die physischen Gegenstände die sich im Produktionsdurchlauf oder an einem bestimmten Lagerort befinden gemeint, wird die Objektkennzeichnung in einem „INDUSTRIE 4.0“-Umfeld wesentlich mehr und außerordentlich unterschiedliche Gegenstände, aber auch virtuelle Objekte wie z. B. einen Arbeitsprozess u. ä. erfassen müssen. Die folgende Abb. 3.1 zeigt einige Beispiele hierzu:

Es wird deutlich, dass ein Unternehmen, das sich bisher vereinzelt und meistens auch sehr spät im Produktionsablauf mit mit der Objektkennzeichnung befasst hat, wesentlich mehr in dieses Arbeitsfeld investieren wird müssen um den Anforderungen von „INDUSTRIE 4.0“ gerecht zu werden. Diese Investition wird sich jedoch vielfach auszahlen wie das Kap. 4.3 (Beispiele) verdeutlicht.

An eine Objektkennzeichnung physischer Objekte werden in Zukunft mannigfache Anforderungen gestellt:

- **niedrige Kosten**
- **Anbringung der Kennzeichnung möglichst in Verfahrenskombination mit ohnehin aufzubringenden visuellen Kennzeichnungen (auf auch in der „INDUSTRIE 4.0“-Welt nicht verzichtet werden kann), d. h. keine gesonderten Prozesse**
- **nutzungsabhängig dauerhafte Kennzeichnung**
  (Verschmutzung, mech. Beschädigung und andere Umwelteinflüsse sollen die Kennzeichnung während ihrer vorgesehenen Nutzungsdauer nicht unleserlich machen)

H. Hippenmeyer, T. Moosmann, *Automatische Identifikation für Industrie 4.0*,
DOI 10.1007/978-3-662-52701-6_3

Abb. 3.1 Objekte

Objekte (Beispiele)
Prozessvorschrift (auch als papierloses Dokument)
Lagerorte
Materialien aller Art (direkt, indirekt)
Werkzeuge / Maschinen / Inventar
Kleinteile / Verbrauchsmaterialien
(Papier-) Dokumente
Transaktionen (z.B. Prozessbeginn, Prozessende, Fehlercodes..)
u.a.m.

- **die Objektkennzeichnung soll mit preiswerten Systemen automatisch erfassbar sein, sowohl in manueller Arbeitsweise als auch in vollmechanisierten und automatisierten Materialflusssystemen**
- **die Objektkennzeichnung an physischen Objekten soll in den gebräuchlichen Objektlagen erfassbar sein**

Die nachfolgenden Kapitel bieten einen Einblick in die Anwendungsbreite und die Möglichkeiten der heute verfügbaren Technik der Objektkennzeichnung. Es ist nicht Zweck der vorliegenden Ausführungen in die Detailinformationen z. B. zu Codierungsnormen oder RFID-Normen einzugehen, hierzu ist eine breite Bibliographie sowie die Unterstützung der normierenden Institutionen verfügbar. Auch die Hersteller von Kennzeichnungsmitteln bzw. von Erfassungsgeräten bieten hier Unterstützung.

3.1 Natürliche Kennzeichnungsmerkmale

Wie bereits im Kap. 2 angedeutet, lassen sich zur Objektidentifikation (im produktiven, aber auch im Distributionsbereich) „natürliche" Merkmale eines Objektes zur Identifikation heranziehen.

Die kann zum Beispiel ein Teil der (optisch) erfassbaren Oberfläche eines Objektes mit stochastisch strukturierter Oberflächentextur sein wie in Abb. 3.2 dargestellt. Die Oberfläche eines Gussteiles ist in optimaler Weise dazu geeignet, als Identifikationsmerkmal herangezogen zu werden. Man kann sich hierzu auf ein relativ kleines Feld beziehen (wobei die Feldgrenzen sinnvollerweise ebenfalls optisch erkennbar sein sollten) und hat damit ein ein eineindeutiges Identifikationsmerkmal das ohne jeden Zusatzaufwand entsteht. Es sei darauf hingewiesen, dass diese Merkmale außerordentlich fälschungssicher sind, da sie nur mit sehr großem Aufwand zu reproduzieren sind.

In einfachen Fällen lässt sich auch die Farbe eines Objektes zur Identifikation heranziehen (z. B. zu einfachen Sortieraufgaben bei farbigen Kunststoffteilen).

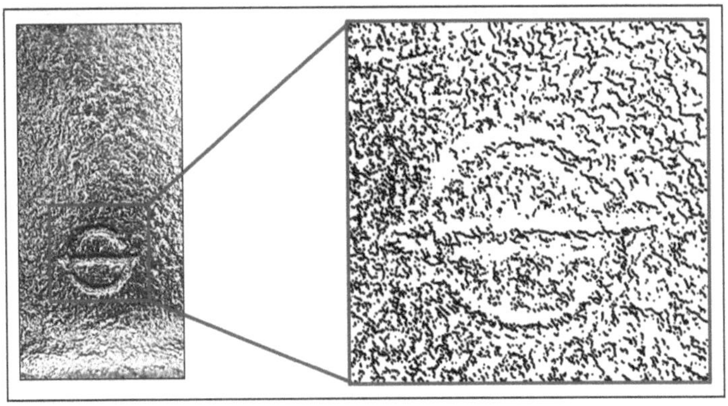

Abb. 3.2 Gussoberfläche

Es sei an dieser Stelle angemerkt, dass mit den derzeit (auch in sogenannten „Handheld"-geräten) verfügbaren Rechnerleistungen die Auswertung von Strukturen und Texturen keinerlei Schwierigkeit (oder untragbare Antwortzeiten) mehr bedeutet, Vielmehr Augenmerk ist bei solchen Aufgabenstellungen auf die technisch korrekte Bildaufnahme und Bildausleuchtung d. h. die technische Güte des Sensorsystems zu legen.

Ein weiteres natürliches Identifikationsmerkmal kann auch die Gestalt (Form) eines Objektes sein. Diese Merkmale treten im industriellen Umfeld aufgrund der angestrebten „Ähnlichkeit" der Objekte in den Hintergrund: Für einfache Sortieraufgaben können diese Merkmale jedoch herangezogen werden.

Ein weiteres sehr häufig genutztes Objektmerkmal ist dessen Gewicht: So wird im Bereich der Distribution (Kommissionierung) oft das Gewicht eines Objektes durch Verwiegung „vorher"/„nachher" zur Kontrolle des Kommissioniervorganges herangezogen. Es handelt sich hier jedoch nicht wirklich um eine Identifikation sondern eher um einen Plausibilitätscheck. Bei gut gepflegten Stammdatensätzen sind wie oben beschrieben natürliche Merkmale durchaus geeignet, auch in einem „INDUSTRIE 4.0"-Umfeld benutzt zu werden, zumal sie ohne jeglichen Kostenaufwand zur Verfügung stehen.

3.2 Künstliche Objektmerkmale

Unter künstlichen Objektmerkmalen verstehen wir symbolische Merkmale, die an einem Objekt zum Zwecke der Identifikation angebracht werden oder die z. B. an einem Arbeitsplatz zur Dateneingabe verfügbar sind Die können ikonische (bildhafte) Merkmale, alphanumerische Merkmale (Klarschrift incl. aller Sonderzeichen) als auch primitive Codemerkmale in Form von Strich- oder Punktmustern sein. Eine weitere Möglichkeit besteht in der Anbringung von elektronischen Mikrosystemen (RFID) deren Funktion auf der Erfassung eines innerhalb eines Datenspeichers vorhandenen Datensatzes beruht. Abb. 3.3 zeigt einige bekannte Muster optischer Merkmale.

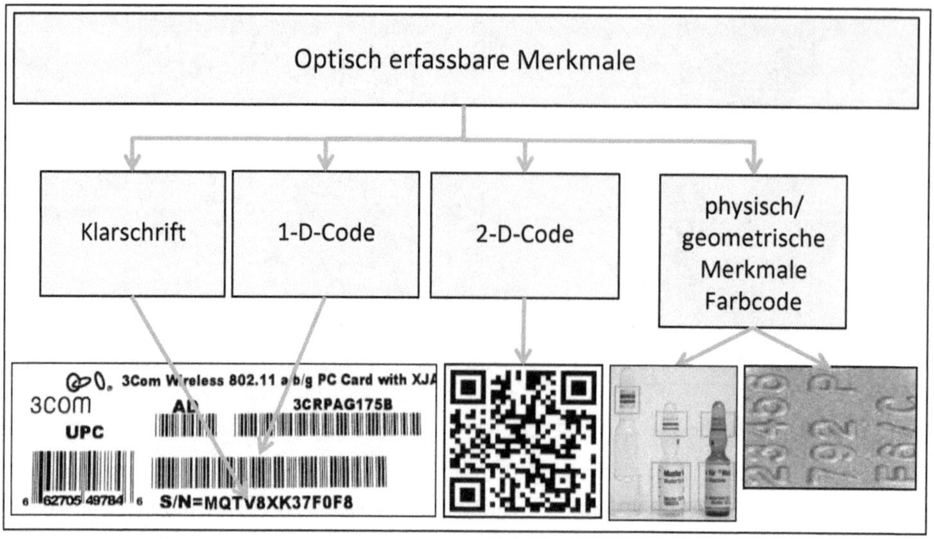

Abb. 3.3 Optisch erfassbare Kennzeichnungsmerkmale

3.2.1 Optisch erfassbare Identifikationsmerkmale

Unter optisch erfassbaren Merkmalen werden im Zusammenhang mit der automatischen Identifikation im Produktions- oder Logistikumfeld Objektmerkmale zusammengefasst, die ein wie auch immer geartetes Reflexionsmuster für den Wellenlängenbereich von ca. 300 nm bis ca. 1200 nm (UV bis NIR) darstellen. Ein Reflexionsmuster (z. B. ein einfacher Barcode wie in Abb 3.4 dargestellt).

weist einige grundlegende Eigenschaften auf, die im Zusammenhang mit der Erfassbarkeit durch ein Sensorsystem eine wesentliche Rolle spielen:

- Reflexionsgrad der „hellen" Elemente
  (auch in Abhängigkeit von der vom Sensorsystem verwendeten Wellenlänge: z. B. die Verwendung eines Lasers zur Abtastung erfordert bei farbigen Codierungen eine besondere Beachtung des Reflexionsgrades im Bereich von 630 nm)
- Reflexionsgrad der „dunklen" Elemente
  (auch in Abhängigkeit von der Wellenlänge)
- Größe des „kleinsten" (Nutz-) Bildelementes in 2 (3) Dimensionen
- Größe des „größten" Stör-Bildelementes in 2 (3) Dimensionen

Abb. 3.4 zeigt den Ausschnitt einer Strichcodierung, die erhebliche Fehler aufweist und in der Anwendung zu Problemen (schlechte Erstleserate) führen würde.

Diese grundlegenden Parameter bestimmen im Wesentlichen die Erfassbarkeit einer optischen Objektkennzeichnung weil hierdurch die technischen Eigenschaften eines

Abb. 3.4 Barcode mit Störungen

geeigneten Sensorsystems festgelegt werden. Indirekt ergibt sich hieraus auch die Zuverlässigkeit eines Identifizierungssystems.

Andere technische Eigenschaften eines Identifizierungssystems wie z. B. die Art der gewählten Codierung (1-D-Code, 2-D-Code, Codetyp) sind heute weniger entscheidend da selbst in kleinen, handgeführten und akkubetriebenen Geräten außerordentlich hohe Rechenleistungen zur Bildauswertung zur Verfügung stehen. Die Erkennung des angebotenen Codetyps ist praktisch bei allen Geräten Standard.

Eine ausführliche Beschreibung der verfügbaren Codearten bzw. der in den einzelnen Codetypen möglichen Dateninhalte wird in den Literaturhinweisen am Ende des behandelt.

Die Codierungsarten und -Formen, d. h. die Umwandlung von alphanumerischen Zeichenfolgen in die entsprechenden Codemuster, sowie die damit einhergehenden Toleranzschemata sind heute international genormt, somit sind die meisten Codierungen weltweit erfassbar und dekodierbar.

Codeaufbau und Anforderungen an die Codeausführung sind in der Literatur und Normen ausführlich beschrieben. Hersteller von Lesesystemen geben ebenfalls Hinweise zur Merkmals- bzw. Codeausführung.

Es sei an dieser Stelle darauf hingewiesen, dass das Zeitalter der „Digitalisierung“ und „Codierung“ nicht erst mit der Einführung des UPC-Codes in den USA Anfang der 50er-Jahre begonnen hat, sondern bereits im Jahre 1825 durch Louis Braille. Es handelt sich um eine Codierung zur Darstellung alphanumerischer Zeichenfolgen mittels „Embossment“ bzw. „Prägung“, die taktil für Blinde erfassbar ist. Die Braille-Schrift wird bis heute angewandt und findet sich als Codierung ebenfalls auf Pharmapackungen. An ein Sensorsystem zur Erfassung dieser Codierung werden hinsichtlich der optischen Ausprägung ganz bestimmte Anforderungen gestellt um zu einer kontrastreichen Bilderfassung zu kommen.

Abb. 3.5 zeigt eine Prägung („Embossment“) im Braille-Code auf der linken Seite in „Standard“-Beleuchtung und rechts mit einem speziellen Beleuchtungssystem, das die 3-D-Struktur hervorragend wiedergibt.

3.2.2 Elektronische Identifikationsmerkmale

Elektronische Identifikationsmerkmale werden als „RFID-Tags“ in vielen Anwendungen in der Logistik zur Objektidentifikation eingesetzt.

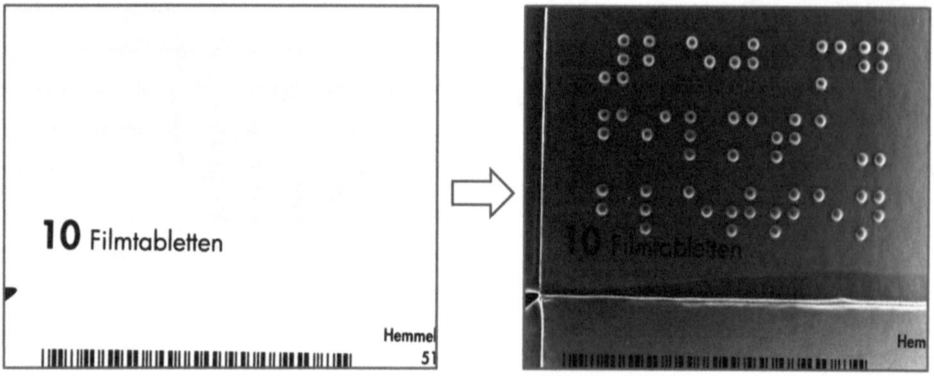

Abb. 3.5 Braille-Code

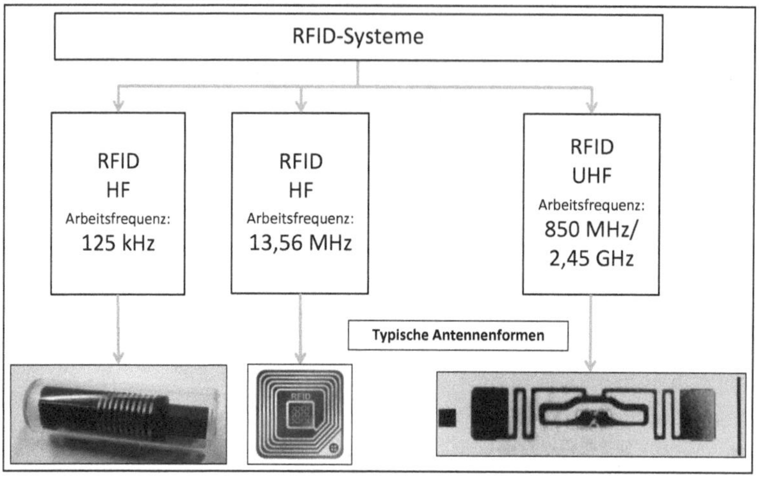

Abb. 3.6 RFID-Systeme

Ihre Funktionsweise beruht auf der nichtflüchtigen Speicherung von Informationen in einem Halbleiterchip, der gleichzeitig einige Steuerungsfunktionen und Stromversorgungsfunktionen übernimmt. Wird ein derartiger Chip mit einer Antenne verbunden, kann mittels eines entsprechenden Lesegerätes berührungslos auf die gespeicherten Informationen zugegriffen werden. Die heute in der Logistik angewendeten Systeme lassen sich im ersten Schritt anhand der Arbeitsfrequenz wie in Abb. 3.6 dargestellt in drei wesentliche Gruppen einteilen.

Während die 125 kHz bzw. 13,56 MHz – Systeme (mit den entsprechenden Wellenlängen von 2,4 km bzw. 22 m) in der Regel mittels induktiver Kopplung zweier Rahmenantennen betrieben werden (je eine Rahmenantenne am Schreib-Lesegerät und Informationsträger), werden Systeme in den höheren Frequenzbereichen in der Regel mit $\lambda/2$-Dipolen ausgerüstet (und strahlen damit elektromagnetische Wellen aus).

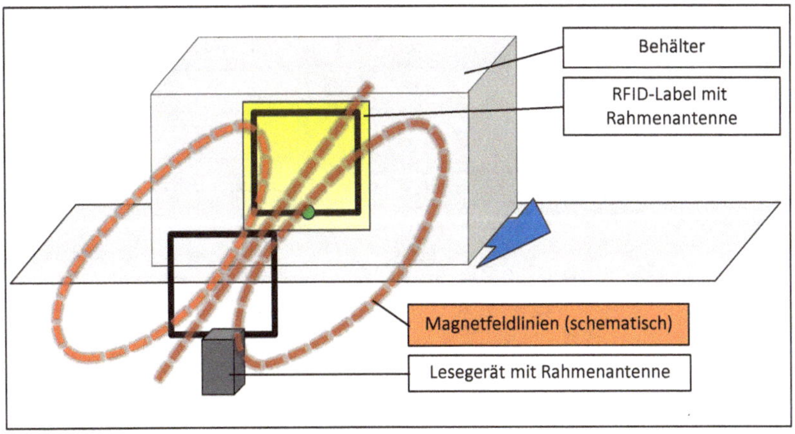

Abb. 3.7 Systemdarstellung RFID

Die sich aus der Antennengeometrie und deren Funktion sich ergebenden Konsequenzen werden häufig nicht beachtet und sind oft der Grund für eine unzureichende Funktionsweise der RFID-Systeme.

Die nachfolgende Ausführung soll diesen Sachverhalt erläutern:

Die Abb. 3.7 stellt schematisch ein System der Gruppe „A", also ein HF-System dar. Angedeutet ist die Kopplung der beiden Rahmenantennen symbolisch durch eine einzige Feldlinie: Das von Schreib-Lesegerät erzeugte magnetische Feld ist nur dann für den Informationsträger wirksam, wenn sich das dargestellte Feld (rote Feldlinie) auch wirklich ausbilden kann. Die Darstellung der roten Feldlinie lässt jedoch erkennen, dass an der Feldausbildung nicht nur der (in der Regel „freie") Raum zwischen Lesegerät und Tag beteiligt ist, sondern auch der Raum hinter dem Informationsträger mit seiner Rahmenantenne, das magnetische Feld greift also aus und ist ebenfalls hinter dem Tag wirksam. Befinden sich hier magnetisch aktive Gegenstände (seien es ferromagnetische Materialien oder gut leitende metallische) wird im Grenzfall die Ausbildung der magnetischen Kopplung zwischen Schreib-Lesegerät und Tag so stark gestört, dass die Funktion des Identifikationssystems vollständig aussetzt.

Diese Abhängigkeit ist bei Systemen der Gruppe „B" (UHF und MW) in ähnlicher Weise gegeben: Dort sind unter der Antenne liegende Kunststoffschichten mit absorbierenden Eigenschaften im Frequenzbereich um 870 MHz ebenfalls störend (dies trifft oft zu auf Kunststoffbehälter mit antistatischen Eigenschaften wie sie in der Elektronikfertigung üblich sind).

Noch störender sind bei Systemen mit Arbeitsfrequenzen um 2,45 GHz Flüssigkeiten mit einem hohen Wassergehalt, die die vom Schreib-Lesesystem erzeugte Strahlung praktisch vollständig absorbieren.

Abb. 3.8 zeigt analog zu Abb. 3.7 die Feldausbreitung eines UHF-Systems und die durch EM-Strahlung bewirkte Kopplung der beiden Antennensysteme.

Zur Veranschaulichung von Informationsträgern der Gruppen „A" und „B" (HF vs. UHF) sind in

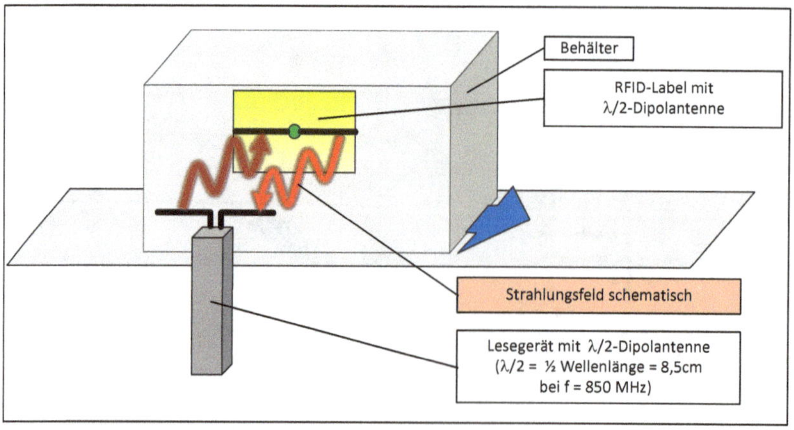

Abb. 3.8 Systemdarstellung RFID (UHF)

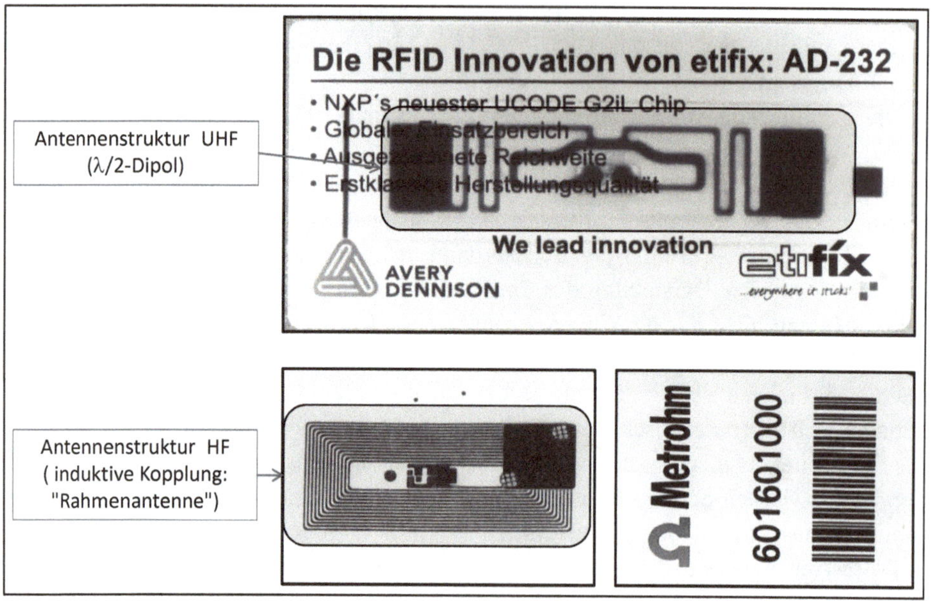

Abb. 3.9 RFID – Antennenstrukturen

Abb. 3.9 jeweils Tags mit sichtbarer Antennenstruktur abgebildet.

Die spezifischen Vor- und Nachteile von RFID-Systemen sind in nachstehender Tabelle aufgeführt. Als Vorteile der RFID-Technik lässt sich auch die mögliche Ausrüstung der Chips mit interessanten Sonderfunktionen aufführen: Datensicherung, Zugriffsschutz (und durch Kryptoverfahren)

Weiterhin interessant ist natürlich das große Datenvolumen von einigen kByte; begrenzend ist für Anwendungen in der Logistikautomation im Wesentlichen nur die Zugriffszeit. Hier sind UHF-Systeme eindeutig im Vorteil gegenüber 125 kHz und 13,56 MHz – Systemen.

Tab. 3.1 Frequenzabhängige Eigenschaften der RFID-Systeme

Vor-/Nachteile beim Einsatz elektronischer Informationsspeicher (RFID-Tags)			
Eigenschaft	125 kHz – Systeme	13,56 MHz – Systeme	UHF – Systeme
Reichweite:	0 .... 0,1 m	0.....0,5 m	0 .... 30 m
Datenspeicherung: (inline)	möglich	möglich	möglich
Umgebungsbedingungen:	Unempfindlich bei Anbringung auf/in Kunststoffen Empfindlich bei metallischem Untergrund Ferritantennentags auch bei metallischem Untergrund oder in Metallumgebung einsetzbar		Empfindlich bei stark absorbierendem Kunststoffunter-grund

Ein interessanter Unterschied zwischen 125 kHz und 13,56 MHz – Systemen einerseits und UHF-Systemen andererseits ist die maximal mögliche erreichbare Leseentfernung: Die Kopplung zwischen Schreib-Leseeinheit und Informationsträger erfolgt bei Systemen der Gruppe „A" praktisch alleine über das magnetische Antennenfeld und ist damit in der Reichweite sehr begrenzt, da es nicht möglich ist die wirksamen Querschnitte der Rahmenantennen zu vergrößern. Die Kopplung von Systemen der Gruppe „B" hingegen erfolgt über die von den Antennen abgestrahlten elektromagnetischen Wellen, es ist möglich durch entsprechende Ausbildung der Antennenform auf der Senderseite (z. B. Yagi-Antennen) und Erhöhung der Strahlungsleistung (Grenzwerte beachten) große Funktionsreichweiten bis zu 30 m zu erreichen. Durch die Nutzung von Antennen mit Richtcharakteristik ist die Erzeugung räumlich abgegrenzter Strahlungsfelder möglich. Es lassen sich auf diese Art z. B. „Ladezonen" selektiv ausleuchten und mehrere Systeme in direkter Nachbarschaft praktisch ohne gegenseitige Beeinflussung betreiben.

Es soll hier nicht auf die weiteren technischen Merkmale eingegangen werden, Quellen werden im Anhang genannt. Die entsprechenden ISO bzw EN-Normen weisen auch auf die Länderunterschiede in der Frequenzfreigabe für UHF-RFID-Systeme hin (Tab. 3.1).

3.3 Ausführungsformen und Applikation optischer Kennzeichnungen

An eine Objektkennzeichnung, die (intra-) logistischen Zwecken dienen soll eine Reihe von Anforderungen gestellt die nachfolgend aufgeführt werden:

- **Kosten:** Die Herstellkosten eines Teiles sollen durch die Kennzeichnung möglichst nicht erhöht werden, dies gilt insbesondere für Kennzeichnungen die nur im intralogistischen oder produktionsnahen Bereich zur Nutzung kommen.
- **Anbringung:** Die Objektkennzeichnung soll wenn möglich verfahrensgleich mit visuell erfassbaren Klarschriftkennzeichnungen erfolgen können.

- **Nutzungsdauer/Resistenz:** Die Kennzeichnung soll während der gesamten vorgesehenen Nutzungsdauer eines Produktes im Rahmen der vorgesehenen Nutzungsumgebung resistent gegen Verschmutzung oder Beschädigung sein, d. h. die Erfassbarkeit der Kennzeichnung muss bis ans Ende der Nutzung (u. U. auch noch bis zum Start des Recyclingverfahrens) gewährleistet bleiben.
- **Erfassung:** Eine Objektkennzeichnung soll in den gebräuchlichen Objektlagen (prozessabhängig) mit preiswerten Systemen automatisch erfassbar („lesbar") sein: Dies gilt für eine manuelle Arbeitsweise genauso wie im voll automatisierten Materialfluss, ggf. auch in Produktionsprozessen.

Aus diesen Forderungen und der Vielfalt von zu kennzeichnenden Objekten ist eine große Palette von anwendungsspezifischen Kennzeichnungsmethoden und Erfassungssystemen entstanden, die permanent erweitert wird. Im Folgenden sollen als Praxishinweise einige Kennzeichnungsmethoden und deren spezifische Eigenschaften dargestellt werden: Die Darstellung erfolgt für alle Verfahren mit der gleichen Systematik sodass eine anwendungsorientierte (Vor-) Auswahl getroffen werden kann.

3.3.1 Direktdruck („Direct-Printing")

Unter dem Begriff „Direktdruck" wird im Zusammenhang mit der automatischen Identifikation das direkte Bedrucken einer Objektoberfläche mit dem Identifikationsmerkmal, d. h. in der Regel einer 1-D- oder 2-D-Codierung verstanden. Die Objektoberfläche muss also bedruckbar sein, d. h. es muss eine entsprechende Materialkombination Druckfarbe ↔ Objektoberfläche verfügbar sein und es muss für die spezifische Oberflächengeometrie und -Struktur ein prozesssicheres Druckverfahren verfügbar sein.

Anwendung

- Produktkennzeichnungen aller Art
  (im wesentlichen Kennzeichnung von Produkten mit Kunststoffgehäusen und ähnlichen Primärumhüllungen mit EAN/UPC/QR-Code, sofern keine objektspezifische Nummerierung erforderlich ist)
- Dokumentenkennzeichnung
  (z. B. Handelsdokumente, Prozessanweisungen, Gebrauchsanleitungen u.s.w.)
- Packmittelkennzeichnungen
  (z. B. Pharmacode, PZN, QR-Code oder EAN/UPC auf Faltschachtel oder Folienverpackungen, Kennzeichnung von Absender/Empfänger auf Sekundärpackmitteln u.s.w.)

Verfahren

- Offsetdruck/Buchdruck u. a.
- Thermotransfer/Tampondruck/Inkjetdruck/Siebdruck
  (speziell bei Bedruckung von KS-Teilen)

- Laserdruck
  (speziell für Dokumente)

Kosten
Da die Objektkennzeichnung in der Regel mit einer ohnehin erforderlichen Bedruckung einhergeht, fallen für die Objektkennzeichnung mit dem o. g. Verfahren keinerlei Zusatzkosten an.

Mit einigen der o. g. Druckverfahren sind auch Einzelkennzeichnungen (objektspezifische, eineindeutige Kennzeichnung) möglich, d.h. es ist der Aufdruck von z.B. Seriennummer, Chargennummer, Herstelldatum u.s.w. im Prozess möglich.

3.3.2 Etikettierung („Labelling")

Die Etikettierung ist als Verfahren zur Kennzeichnung industrieller Produkte seit langem in Gebrauch. Beim Etikettieren wird in der Regel ein Papier- oder Kunststoffetikett auf das zu kennzeichnende Objekt aufgeklebt: Das Etikettieren wird sowohl als Nassetikettierung (mit Kunststoffleimen auf Wasserbasis oder Heißklebeleimen) für Großserienanwendungen (Getränke, Pharmaprodukte) als auch für vielfältige Aufgaben als Haftetikettierung durchgeführt. Insbesondere die Haftetikettierung bietet mit ihren vielfältigen Etikettenausführungen (in Oberfläche und Haftkleber) als auch durch eine für alle Anwendungen und Seriengrößen verfügbare maschinelle Ausrüstung heute die größte Flexibilität: Die Applikation des Haftetiketts reicht von der manuellen Abnahme und Aufbringung bis hin zur vollautomatischen Etikettierung mit einem Durchsatz von 25000 Objekten/h.

Die Eigenschaften von Haftetiketten können in allen Parametern von der Oberflächen- und Materialresistenz (Schmutz, Wasser, Öl, Lösungsmittel ....) bis hin zu definierten Hafteigenschaften des Klebers präzise eingestellt werden. Das Haftetikett bietet eine hervorragende Basis für die visuelle Objektkennzeichnung ebenso wie für die codierte (optische erfassbare) Objektkennzeichnung. Diese konventionellen Kennzeichnungsarten sind aber mit Haftetiketten neuester Entwicklung auch mit der RFID-Technologie kombinierbar, d.h. das Haftetikett bietet die Möglichkeit in einem Vorgang sowohl eine optische Kennzeichnung mittels Code, Klarschrift **und** RFID-Tag aufzubringen.

Insofern stellt die Haftetikettierung die flexibelste und universellste Kennzeichnungsart für industrielle Produkte sowohl von Serienteilen als auch von Einzelstücken dar.

Anwendung
- Produkte (Bauteile, Baugruppen und Fertigprodukte) aller Art
- Packmittel und Ladungsträger aller Art
  (Faltschachtel bis Umkarton und Gebinde, Palette, Kleinladungsträger ....)
- (Flug-) Gepäckkennzeichnung
- „verdeckte" Produktkennzeichnung mit RFID-Label

(z. B. innerhalb eines Kunststoffgehäuses angebrachtes Label, das innerhalb des Produktionsprozesses optisch erfasst wird, nach Produktfertigstellung immer noch von aussen erfasst werden kann)

Verfahren

- Bedruckung mit allen gängigen Verfahren, Bedruckung auch „inline" möglich, auch wechselnde (objektspezifische) Einzelcodierungen möglich
- „Print on Demand" mit einfachen (Thermo/Thermotransferverfahren) Drucksystemen möglich

Kosten

Die Kosten für die Haftetikettierung sind stark vom Anforderungsprofil und der Ausführung abhängig (Etikettenmaterial, RFID, Etikettiermaschine u.s.w.)

Abb. 3.10 (d,e,f) zeigt einige Beispiele von Hafteiketten mit und ohne integriertem RFID-Tag.

3.3.3 Direkt-Markierung, Prägung, Gravur („Direct Marking",„Embossment",„Engraving")

Unter den Begriffen „Direkt-Markierung" bzw. „Prägung" wird im Zusammenhang mit der automatischen Identifikation die physische Veränderung einer Objektoberfläche

Abb. 3.10 Codebeispiele

verstanden. Im Prinzip ist das Verfahren uralt: Die Kerben im allseits bekannten „Kerbholz“ waren eine einfache (digitale) Zählcodierung; die Prägung mittels Zahlen-, Buchstaben- oder bildhaften Stempeln in metallischen Oberflächen ist ebenso alt. Ebenso bekannt zur Veränderung einer Oberfläche ist das Gravieren („Engraving“), wobei hier eine Oberfläche nicht plastisch verformt, sondern spanend bearbeitet wird.

Heute wird das Prägeverfahren mit Nadelstempeln angewandt, um Klarschriftmarkierungen oder Codemerkmale in metallische bzw. Kunststoffoberflächen einzubringen. Die direkte Markierung von industriellen Produkten hat mit der Verfügbarkeit der Lasertechnologie erheblich an Bedeutung gewonnen: Insbesondere die Markierung von Oberflächen aller Art mit Hilfe des Lasers erlaubt die Aufbringung von Objektkennzeichnungen auch in miniaturisierter Form und ohne spezifische Werkzeuge und sollte als Alternative zu anderen Verfahren immer in Betracht gezogen werden.

Das Verfahren des Lasermarking ist heute prozesssicher und auf vielen Oberflächen und Materialien anwendbar, insbesondere die direkte digitale Steuerung des Markierers und der Wegfall aller Verschleißteile sind von erheblichem Vorteil.

Anwendung

- Produktkennzeichnungen aller Art
  (kleinflächige 1-D- und 2-D-Codierungen, auch kombiniert mit visuell erfassbarer Beschriftung)
- Prägung auch zur Markierung von Metalloberflächen für Hochtemperaturprozesse

Verfahren

- Lasermarking auf Metalloberflächen
- Lasermarking auf Kunststoffoberflächen
- Prägung (Nadeldruck) in Metalloberflächen
- Prägung (Formpressen) von Blechteilen
- Laserschneiden vom Metallmasken als 1-D-Codierung

Abb. 3.10 (g,h,i) zeigt einige Beispiele für Lasermarkierungen auf Metall- und Kunststoffoberflächen bzw. einen in ein Blechteil geprägten Barcode.

Abb. 3.10 zeigt eine Reihe von Codebeispielen und zwar:

a) .. c): Direktdruck auf Packmitteln,
d) … e) Haftetiketten (auch mit der Möglichkeit fortlaufender Nummerierung !)
f) … g): Embossment und Lasercodierung auf metallischem Grundteil

Literatur

1. **RFID - Das Praxisbuch für Anwender, Bernhard Lenk** ISBN: 3-935551-11-8
2. **QR Code, Bernhard Lenk** ISBN: 3-935551-10-X
3. **Handbuch der automatischen Identifikation, Bernhard Lenk** Band 1 ISBN: 3-935551-00-2 ISBN-13: 978-3-935551-00-7 EAN: 9783935551007
4. **2D-Codes, Bernhard Lenk Handbuch der automatischen Identifikation, Band 2,** ISBN: 3-935551-01-0 ISBN-13: 978-3-935551-01-4

4 Automatische Merkmalserfassung

4.1 Hilfsmittel

Die automatische Merkmalserfassung („Identifizierung") wird heute von manuell bedienbaren Geräten umfangreich unterstützt. Diese Geräte kommen in der Regel im teilmechanisierten oder manuellen Waren- und Materialfluss zum Einsatz, sind also personengebunden. Der Bediener (Werker) ist für die zeit- und zuordnungsrichtige Objekterfassung verantwortlich. Die verfügbaren Geräte können abhängig von der Aufgabenstellung am Einsatzort spezifische Ausführungsformen aufweisen, in der Regel sind moderne „Handlesegeräte" nicht kabelgebunden sondern als Funkterminal ausgeführt und mit Zusatzfunktionen ausgestattet: Es wird somit möglich, dem Bediener in Echtzeit auch Anweisungen zur Arbeitsausführung zu übermitteln. Auf diese Weise lassen sich in einem Produktionsumfeld wesentliche Verbesserungen erzielen. Diese Verbesserungen sind sowohl im Hinblick auf die Produktivität als auch auf die Qualitätslage eines Prozesses zu betrachten: Es wird eine Reihe von Fehlerquellen minimiert und eine Rückverfolgbarkeit im Hinblick auf Prozess und Materialfluss erreicht, die ohne den konsequenten Einsatz der automatischen Identifikation nicht sichergestellt werden kann.

Während die manuelle Objektidentifikation (Abb. 4.1 zeigt ein handgeführtes Lesegerät im Einsatz) für personengebundene Prozesse zum Einsatz kommt, ist der vollautomatisierte Materialfluss auf leistungsfähige, schnelle Identifikationssysteme angewiesen, die in der Lage sind, die Objektidentifikation an schnell bewegten Objekten (bis zu 8 m/s !) mit einer praktisch vernachlässigbaren Fehlerrate durchzuführen. Neben den bislang häufig eingesetzten Laserscannern zur Barcodeerfassung bieten sich heute kamerabasierte Systeme an, die gerade zur Objektidentifikation auf der Basis der 2D-Code den technologisch neuesten Stand bieten.

H. Hippenmeyer, T. Moosmann, *Automatische Identifikation für Industrie 4.0*,
DOI 10.1007/978-3-662-52701-6_4

Abb. 4.1 Handlesegerät im Einsatz

Bislang sind im automatisierten Materialfluss im Produktionsumfeld im wesentlichen nur „Ladungsträger" identifiziert worden, die eigentliche Objektidentifikation wurde aus technischen Gründen eher vernachlässigt. Dies wird jedoch in einem „Industrie 4.0" – Umfeld notwendig werden: Denn selbst wenn die Ideen eines „Internet of things" noch in weiter Ferne liegen, wird es doch den „Industrie 4.0"-Prinzipien zufolge erforderlich sein, Identitäten in vielen Fällen bis auf Baugruppen oder Einzelteilebene während des gesamten Materialflusses verfügbar zu haben.

Bereits heute lässt sich mit entsprechenden Erkennungssystemen auf Kamerabasis (wie in Abb. 4.2 dargestellt) diese Forderung im Produktionsumfeld realisieren, wenn z. B. Teile oder Baugruppen mittels Trägersystemen durch eine Prozesskette transportiert werden. Dadurch wird es erstmals möglich, den physischen Materialfluss in Echtzeit im ERP-System abzubilden und damit einen Regelkreis zu schließen: Damit wird erstmals die Möglichkeit der Steuerung flexibler Systeme gegeben sein. Weiterhin wird erstmals eine integre, zweifelsfreie Rückverfolgbarkeit gegeben sein.

4.2 Prozesskette und Erfassungspunkte

Wesentliches Merkmal einer Produktions- oder Distributionssystems, das den Anforderungen von Industrie 4.0 genügen soll, ist die sinnvolle Strukturierung in Prozesse; nur dadurch wird es möglich, entsprechend dieser Struktur einen zulässigen Materialfluss festzulegen und auf dieser Basis auch die nötige Identifikations- bzw. Erfassungspunkte zu definieren. Durch die Definition der Erfassungspunkte wird auch der Dialog eines CAE-Systems

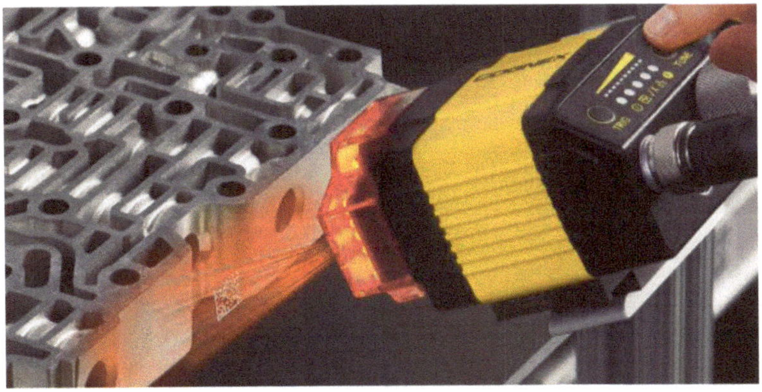

Abb. 4.2 kamerabasiertes Lesegerät

festgelegt: Welche Möglichkeiten sich hier bieten wird anhand der nachfolgenden Beispiele dargestellt: Es handelt sich im ersten Beispiel um einen unternehmensübergreifenden Produktionsprozess, im zweiten Beispiel zunächst einfach erscheinenden Reparaturprozess, bei dem an einer sicherheitskritischen Baugruppe ein Lager auszuwechseln ist. Der Prozess wird an einem Einzel-Arbeitsplatz ausgeführt, der für diese Arbeiten spezifisch ausgerüstet ist und vom durchführenden Werker entsprechende, zertifizierte Qualifikationen erfordert.

4.3 Beispiele

4.3.1 Einsatzbeispiel 1

Im vorliegenden Beispiel 1 wird dargestellt wie die automatische Identifikation in einem firmenübergreifenden Geschäftsprozess zum Einsatz kommt und welche Vorteile sich daraus ergeben. Beide Unternehmen gehören mit 800 bzw. 30 Mitarbeitern dem Segment der KMU's an, sind innovativ und in anspruchsvollen Märkten tätig, ihre Infrastruktur ist im technologischen Bereich auf dem neuesten technischen Stand und hat die „digitale Transformation" mit dem Einsatz von CAD- und CAE-Tools längst begonnen. Abb. 4.3 zeigt schematisch den strukturellen Aufbau im Hinblick auf die produktiven Prozessketten (administrative Elemente sind nicht dargestellt)

Beim Unternehmen (A) handelt es sich um einen Hersteller von Sondermaschinen für die Verpackung von pharmazeutischen Produkten die hinsichtlich der konstruktiven technischen Ausführung alle kundenspezifisch auszuführen sind, andererseits einem umfangreichen branchenspezifischen Richtlinienkatalog unterliegen.

Im Rahmen eines Kundenauftrags müssen nun für eine auszuliefernde Maschine einige Sonderteile angefertigt werden, wesentliche Elemente der Maschine werden ansonsten

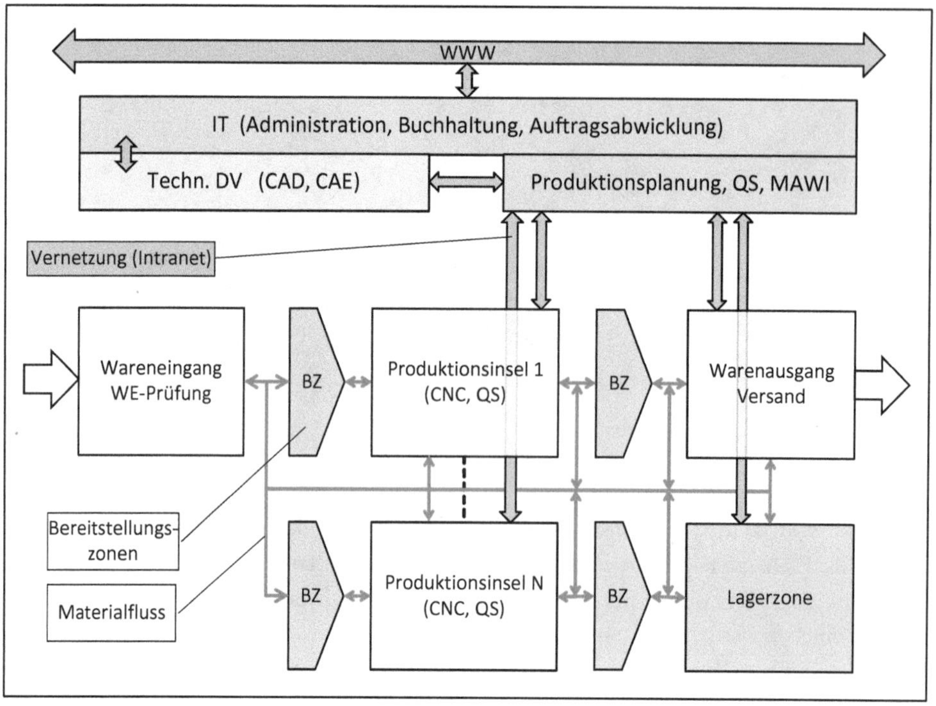

Abb. 4.3 Unternehmensstruktur KMU

einem Baukastensystem entnommen mit dessen Hilfe im Rahmen einer „Plattformstrategie" vielfältige Maschinenvarianten erzeugt werden können. Abb. 4.4 stellt den grundsätzlichen Prozessablauf dar, wie er dem Beispiel 1 zugrundeliegt.

Die oben genannten Sonderteile (Blechteile, lasergeschnitten) müssen entsprechend der Richtlinien aus einem zertifizierten Material hergestellt werden, dessen Analyse und Herstellprozess bis zu dessen Hersteller rückverfolgbar sein muss. Die Produktionsmöglichkeit für diese Teile besteht im Unternehmen (A) nicht, deshalb werden die Teile bei einem bekannten Lohnfertiger in Auftrag gegeben. Dieser verfügt über eine moderne Laserbearbeitungsanlage zur Herstellung solcher Teile. Die Teile sollen direkt zur Bereitstellungszone für die Endmontage an das Unternehmen (A) geliefert werden, als Kennzeichnung sollen Auftragsnummer und Teilenummer dienen. Damit ergibt sich schematisch folgender Prozessablauf.

An diesem einfachen Vorgang wird deutlich, an welchen Stellen die automatische Identifikation einen wesentlichen Beitrag zur Transparenz und Qualitätssicherung des Prozessablaufs beitragen kann. Die entscheidenden mit Hilfe der automatischen Identifikation auszuführenden Transaktionen sind nachfolgend gekennzeichnet:

- Die Konstruktionsarbeit für die Teile wird in (A) mit der Vergabe von Seriennummern (SN), Materialnummer (MN) und Dokumentationsnummer (DN) abgeschlossen. Die Teile sind gemäß einer Werknorm mit einem Codesysmbol zu kennzeichnen. Diese Kennzeichnung ist ebenfalls auf der Laserbearbeitungsanlage erstellbar.

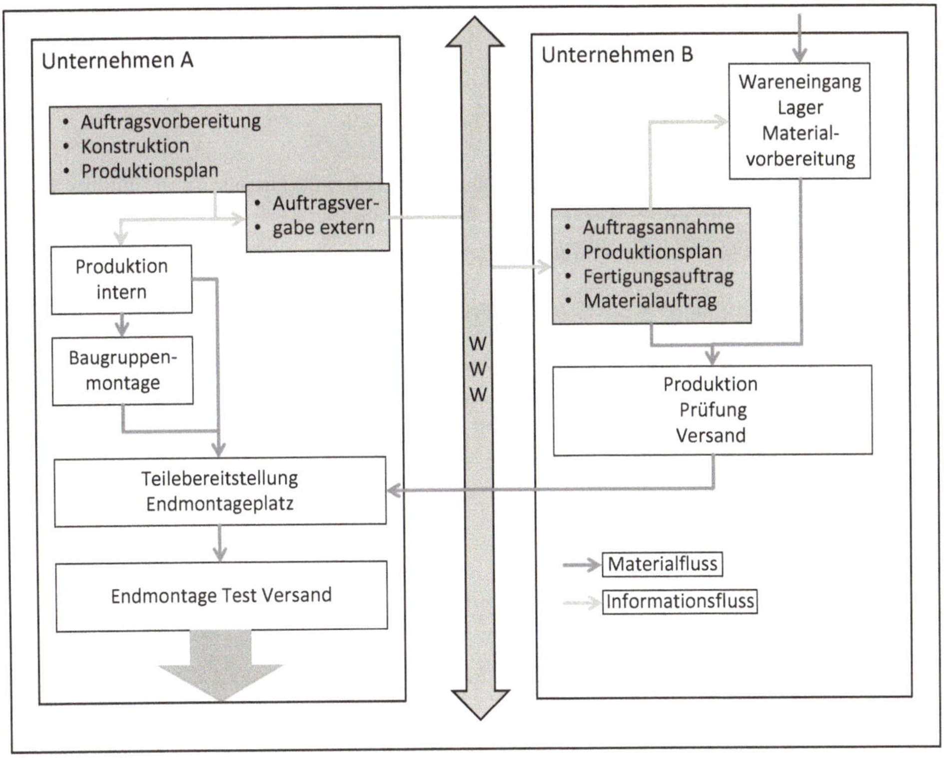

Abb. 4.4 Prozessschema

- Unternehmen (A) erteilt Unternehmen (B) den entsprechenden Auftrag. Die Auftragsübermittlung erfolgt per mail (incl. aller Dokumente)
- Im Unternehmen (B) wird über die Produktionsvorbereitung der interne Prozessablauf gestartet (CAD,CAE → Nutzenfestlegung, Maschinendisposition etc.) Es wird ein Produktionsauftrag (beleghaft) und ggf. ein Kommissionierauftrag für das erforderliche Rohmaterial erstellt. Produktionsauftrag und Kommissionierauftrag sind mit einer Codierung versehen. Kommissionierauftrag und Produktionsauftrag werden an die entsprechenden Empfänger versandt. Die Materialbereitstellung erfolgt bereits nach einer Arbeitsfolge, in die die automatische Identifikation integriert ist:

- O **Erfassung KA** **(Kommissionierauftrag)**
- O **Erfassung MN** **(Materialnummer)**
- O **Erfassung CN** **(Chargennummer des Rohmaterials)**
- O **Freigabe Entnahme und Bearbeitung** **(Kommissionierauftrag)**

Nach dem Richten und Prüfen des Materials wie im Kommissionierauftrag vorgeschrieben, erfolgt der Abschluss des Kommissioniervorgangs mit folgender Folge:

- **Erfassung KA** **(Kommissionierauftrag)**
- **Erfassung MN** **(Materialnummer)**
- **Erfassung TC** **(Transaktionscode "Auftragsende")**

Nach der Erfassung erfolgt systemseitig die entsprechende Überprüfung und anschließend über das Handterminal (oder auch über beliebiges am Arbeitsplatz verfügbares Terminal) eine Freigabe für weitere Prozessschritte:

- **Freigabe des K-Auftrags und Angabe des Zielortes**

Danach wird das Material an den Zielort (Bereitstellungsplatz für CNC-Maschine 1) transportiert. Am Bereitstellungsplatz erfolgt:

- Erfassung KA (Kommissionierauftrag)
- **Erfassung LO** **(Lagerort)**

Nach Überprüfung erfolgt:

- **Abschluss des K-Auftrags**

Die an der CNC-Anlage durchzuführenden Bearbeitungsschritte erfolgen nun nach der folgenden Arbeitsfolge:

- **Erfassung FA + MN** **(Fertigungsauftrag + Materialnummer)**
- **Freigabe Bearbeitung**

Danach erfolgt die Bearbeitung (Rüsten, Bearbeiten, Reinigen, Prüfen), die Teilebearbeitung wird nach Abschluss der Laserbearbeitung mit folgenden Schritten abgeschlossen: Hier werden erstmals die im Laserverfahren als „Direct-Marking" auf die Teile selbst aufgebrachten Codierungen der Seriennummern erfasst:

- **Erfassung FA + MN + SN** **(Fertigungsauftrag + Materialnummer + Seriennummern)**
- **Erfassung TC** **(Transaktionscode " Auftragsende")**
- **Freigabe und Angabe Zielort** **(hier: Versand)**

Im Versandbereich sind ebenfalls unter Zuhilfenahme der automatischen Identifikation Prozessabläufe definiert, die nach der Verpackung, Adressierung und Übergabe an den Abholplatz alle wesentlichen Daten bzw. Ereignisse dokumentieren: selbst die Packstücknummer wird mit dem Fertigungsauftrag abschließend verlinkt.

Mit dem Versand der Teile vom Unternehmen (B) zum Unternehmen (A) erfolgt zeitgleich die Übergabe eines Datensatzes, mit dessen Hilfe nun alle interessierenden Daten verfügbar sind:

- Teilenummern (als Seriennummer SN, also jedes Teil ist einzeln identifizierbar)
- Materialnummer des Rohmaterials
- Chargen- (Los-)Nummer des Rohmaterials, damit ist die Rückverfolgbarkeit bis zum Hersteller des Rohmaterials möglich
- Zeit- und Datumsangaben zum gesamten Prozessablauf
- Bearbeitungsdaten (Maschinen, Werkzeuge, Hilfsmittel)

Ein weiterer, kostensparender Effekt dieser Arbeitsweise ist der Wegfall komplizierter und fehlerträchtiger handschriftlicher Erfassungen während des Prozessdurchlaufs wie das in vielen KMU's noch üblich ist. Der Arbeitsablauf ist auch im intralogistischen Bereich durch die mitlaufenden Plausibilitätschecks bzw. Freigabeprozeduren mehrfach (und ohne Zusatzaufwand) absicherbar: Die Suche nach irrtümlich am falschen Lagerort bereitgestellten oder vertauschte Waren wird vermieden.

Leider werden diese Vorgänge vielfach weder im Hinblick auf die direkten noch auf die indirekten Kosten korrekt erfasst oder bewertet.

Diese Kosten (z. B. Maschinenstillstandszeiten) wegen „Materialsuche" sind erheblich, es ist sinnlos an den Bearbeitungshauptzeiten im Prozentbereich zu feilen solange Ereignisse wie oben genannt nicht mit großer Sicherheit vermieden werden!

Eine Kernfrage, die sich bei der Inangriffnahme des Verbesserungsprojektes „Einführung der automatischen Identifikation im Intralogistikbereich" jedem Unternehmen stellt ist die Frage nach dem Kostenaufwand. In dem beschriebenen Fall ist ersichtlich, dass an den folgenden Punkten eine entsprechende Infrastruktur zu schaffen ist:

- Wareneingang
- Warenausgang/Versand
- Maschinenpark (Arbeitsplätze)

Da sich die Anzahl der Erfassungsvorgänge in Grenzen hält wird es in den vorstehend beschriebenen Fällen völlig ausreichen, die Erfassungsvorgänge mit handgeführten Terminals durchzuführen. Die erforderliche Infrastruktur (Handterminals, Vernetzung) ist umso mehr ohne großen Aufwand zu installieren, da das Thema LAN/WLAN in diesem kleinen Unternehmen bereits umfangreich zum Einsatz kommt.

Selbstverständlich die für die Prozesse im Unternehmen (B) skizzierten Verfahren genauso und mit demselben Nutzen in die Prozessabläufe des Unternehmens (A) integrier bar.

Ziel dieser Beispiele ist es jedoch, die Wichtigkeit und den Nutzen der automatischen Identifikation auch im kleinen Unternehmen darzustellen. Gerade für die Kleinserienproduktion, die flexibel bleiben soll kann es im Sinne von „Industrie 4.0" nicht darum gehen durchgängig und mit großem Investitionsaufwand zu automatisieren: vielmehr geht es darum, auch in bewährten, händisch durchgeführten Materialflüssen und Prozessketten die gewohnte Flexibilität zu erhalten und trotzdem die geforderte Transparenz, Effizienz und vor allem Fehlerfreiheit zu gewährleisten.

Die Werkzeuge und die Datenwege sind vorhanden, es gilt nur diese im Sinne von „Industrie 4.0“ umfangreicher und effizienter zu nutzen.

4.3.2 Einsatzbeispiel 2

Anhand des nachstehenden Beispiels 2 wird dargestellt, wie mit Hilfe der automatischen Identifikation auch in einem einfachen, aber sicherheitstechnisch kritischen Prozess die während des Prozessablaufs anfallenden Daten erfasst und der Prozess gesteuert werden kann.

Es handelt sich hier um einen Reparaturvorgang (Wartungsvorgang) in einem Unternehmen der Transportbranche, das seine Schienenfahrzeuge in eigenen Werkstätten herstellt und wartet. Regelmäßig müssen an den Fahrgestellen nach einem festgelegten Wartungsplan die Bremspads getauscht werden. Die Fahrleistungen der Fahrzeuge sind durch die Einsatzpläne bekannt, somit können die Fahrzeuge nach den vorgegebenen Laufleistungen kurz aus dem Verkehr gezogen werden, die Fahrwerke getauscht und das Fahrzeug danach wieder in den Dienst gestellt werden.

Die zu wartenden Fahrwerke werden nun einem Bereitstellungsplatz zugehführt, inspiziert und ein Reparaturauftrag ausgelöst. Parallel zu diesem Reparaturauftrag wird ein Lagerauftrag für die erforderlichen Tauschteile ausgelöst, diese werden nach der Kommissionierung ebenfalls an Bereitstellungsplatz gebracht. Der Kommissioniervorgang erfolgt bereits unter Einsatz der automatischen Identifikation ähnlich wie in Beispiel 1 beschrieben: Bereits während der Kommissionierung aufgenommene Daten (Auftragsnummer, Teilenummern etc.) sind in der Datenbank abgelegt und somit eindeutig mit dem Reparaturauftrag verknüpfbar.

Die Wartung erfolgt an 2 Arbeitsplätzen; eine strenge Ablaufplanung ist nicht möglich da im realen Betrieb aufgrund von unvorhergesehenen Maschinenausfällen das Personal flexibel für hoch priorisierte Arbeiten verfügbar sein muss. Somit kommt es zur Situation, dass die am Bereitstellungsplatz liegenden Fahrgestelle „warten“ bis die entsprechende Kapazität zur Reparatur vorhanden ist.

Gleichwohl ist es unumgänglich, die vorgeschriebenen Arbeitsabläufe und Randbedingungen (dokumentiert) eizuhalten:

- Die Arbeiten dürfen nur von zertifizierten Mitarbeitern durchgeführt werden
- Die aktuell gültigen Arbeitsvorschriften und Prüfvorschriften sind zwingend einzuhalten
- Die gesamte Arbeitsfolge ist eineindeutig zu dokumentieren

Diese Vorschriftenlage hat im realen Fall dazu geführt, dass sich unzählige (handschriftlich ausgefüllte) Aufträge/Prüfprotokolle in den Archiven angesammelt haben. Das Problem ist weniger der vom Archiv vereinnahmte Raum als vielmehr die Problematik die für ein bestimmtes Fahrgestell erstellten Vorgänge zusammenzuhalten; dies wird dadurch erschwert, dass die Fahrgestellnutzung nun wieder mit mehreren verschieden Fahrzeugen verbunden ist. Diese Relationen in einem handgeführten Archiv ausfindig zu machen und zu nutzen ist außerordentlich kostenintensiv und manchmal unmöglich da der Materialfluss (hier: Dokumentenfluss) Fehlern unterliegt.

Hier schafft die Möglichkeit, große Datenmengen elektronisch zu speichern und zu analysieren eine viel kostengünstigere Möglichkeit. Wird nun die EDV im Feld mit den Möglichkeiten der automatischen Identifikation gekoppelt, ergeben sich Verfahren die von den Kosten her optimiert sind, regelkonforme integre Daten erzeugen, die Sicherheits- und Qualitätslage verbessern und dem Anwender (trotz einiger Anfangsinvestitionen) eine Reihe von Vorteilen bringen, die im realen Betriebsablauf eine schnelle Amortisation der Investition ermöglichen. Das nachstehende Schema zeigt ähnlich wie im Beispiel 1 die Einbindung der automatischen Identifikation in die Prozesse.

- ○ **Identifikation Mitarbeiter**
- ○ **Erfassung Auftragsnummer**
- ○ **Erfassung Transaktionscode "Auftragsstart"**
- ○ **Freigabe Auftrag und Ausgabe Arbeitsanweisung**
- ○ **Identifikation Fahrgestell**
  (mit Materialnummer und Seriennummer)
- ○ **Identifikation Ersatzteile / Tauschteile**
- ○ **Freigabe Arbeitsprozess**

Arbeitsprozess läuft ab

- ○ **Erfassungs Transaktionscode "Arbeitsende"**
- ○ **Freigabe Auftragsende und Ausgabe Prüfvorschrift**

Prüfprozess läuft ab

- ○ **Erfassung Transaktionscode "Prozessende"**
- ○ **Erfassung Checkliste (evtl. Scan Checkliste)**
- ○ **Freigabe Prozessende**

(dieser Schritt führt zum Auftragsschluß, es erfolgen Angaben zum weiteren Transport und zur Zwischenlagerung des Fahrgestells)

Die benötigte Ausrüstung zur Anwendung der automatischen Identifikation im vorliegenden Beispiel ist höchst einfach: Es genügt pro Arbeitsplatz ein handgeführtes Terminal (kamerabasiert) mit Tastatur und Display, das über WLAN mit dem Netzwerk des Unternehmens verbunden ist. Zur Eingabe besonderer Prozessschritte können am Arbeitsplatz (oder in) „Reichweite" einzelne Transaktionscodes angebracht werden, die der Mitarbeiter bei Bedarf erfasst. Über die Kennzeichnung der zu erfassenden Objekte wird in Laufe der Prozessbeschreibung weiteres ausgeführt.

Der Prozess beginnt im Schritt 1 mit der Identifikation des Mitarbeiters (direkt durch Werksausweis mit PIN, 2-D-Code mit PIN). Die Identifikation der Auftragsnummer erfolgt über den Auftragsbeleg (Barcode, 2-D-Code) Danach erfolgt die Erfassung des Transaktionscodes „Auftragsstart“. Das System gibt die zugehörigen Arbeitspläne über Bildschirm oder als Hardcopy aus. Nachfolgend erfolgt die vollständige Identifikation des Fahrgestells mit Materialnummer und (eineindeutiger!) Seriennummer. Die Identifikation des Fahrgestells erfolgt über einen speziellen Barcode der als lasergeschnittene Edelstahlmaske ausgeführt wird und stabil am Fahrgestell angebracht wird. Die Fahrgestelle können so nach der Entnahme mittels Dampfstrahler gereinigt werden, eine Lesbarkeit der Codierung ist immer gewährleistet. Die Kosten einer derartigen Codierung sind heute durch die Nutzung der Lasertechnik sehr niedrig (einige €). Im Schritt 5 werden die gemäß Kommissionierauftrag bereitgestellten Ersatz- bzw. Tauschteile über Barcode identifiziert. Hier hängt die Kennzeichnung wesentlich vom Teilespektrum ab: Entweder sind die Teile direkt markiert (Direct Marking) oder in Verpackungen enthalten, die ihrerseits entsprechend gekennzeichnet sind. In jedem Fall sollte jedoch geprüft werden, ob die direkte Teilekennzeichnung mit eineindeutiger Seriennummer möglich ist.

Nach der (systemseitigen) Überprüfung der bisherigen Dateneingaben erfolgt die Prozessfreigabe über Bildschirm/Handterminal und der eigentliche Arbeitsprozess beginnt. Die weiteren Arbeitsschritte und Dateneingaben gestalten sich ähnlich, insbesondere die am Prozessende erforderlichen Prüfprozeduren werden durch die automatische Identifikation und deren Möglichkeiten sehr weitgehend unterstützt.

Die Anwendung der automatischen Identifikation ermöglicht es, mit geringem Aufwand einen Arbeitsprozess zu steuern, die korrekte Arbeitsfolge abzusichern und einen integren Datensatz zu erhalten, mit dem über SW-Tools alle relevanten Aussagen zu treffen sind:

- **Teileverwendung (Seriennummern)**
- **Datum/Zeitpunkt der Arbeiten**
  Prozessbeginn/-Ende
- **Ausführender Mitarbeiter**
- **Verwendete Dokumentation**
  (Arbeitsanweisungen, Prüfanweisungen)
- **Prüfergebnisse und Messwerte**

Über eine entsprechende Datenbankabfrage ist somit der Zugriff auf alle bisherigen Nutzungs- und Wartungsdaten dieses Fahrgestells sichergestellt, eine vollständige Rückverfolgbarkeit (bis hin zu den Tauschteilen) ist somit gewährleistet, eine Archivierung von handschriftlichen Notizen oder Prüfprotokollen erübrigt sich vollständig.

5 Geräte zur automatischen Identifikation

Mit den Begriffen „Lesepistole", „Scanner-Kasse" und anderen mehr hat die automatische Identifikation längst Einzug in den kommerziellen Warenfluss in Distribution und Handel gefunden.

Geschlossene Systeme wie z. B. KEP-Dienstleister oder die IATA machen vielfach von den Möglichkeiten der automatischen Identifikation Gebrauch. Im industriellen Bereich ist hier die pharmazeutische Industrie als Vorreiter zu nennen : Seit ca. 1965 werden bei Pharmaprodukten bei der Herstellung und Konfektionierung die Arbeitsprozesse durchgängig mit Hilfsmitteln zur automatischen Identifikation überwacht um Untermischungen sicher auszuschließen. Im medizinischen Dienstleistungsbereich (im voll automatisierten Analysenlabor) hat sich die Überwachung des Durchlaufs von Proben, beginnend bei der Probenentnahme in der Arztpraxis ebenfalls durchgesetzt : Hier wird einerseits die Probenvertauschung mit Sicherheit vermieden, andererseits wird eine vollständige Rückverfolgbarkeit über die ganze Prozesskette von Probennahme bis Ergebnisübermittlung sichergestellt.

Der industrielle, produktive Bereich ist in vielen Branchen, insbesondere in kleinen mittleren Unternehmen bei weitem noch nicht ausreichend mit den Mitteln und Möglichkeiten der automatischen Identifikation ausgerüstet: Lediglich in automatisierten, mechanisierten Materialflusssystemen sind z. B. Kleinladungsträger wie in Abb. 5.1 dargestellt (KLT) mit automatisch lesbaren Kennzeichnungen ausgerüstet, ebenso Grossladungsträger (GLT z. B. Paletten, Gitterboxen etc.) wenn sie im System verbleiben. Die Möglichkeiten der automatischen Identifikation werden hier im Wesentlichen nur vom Materialflussrechner (MFS) zur Anlagensteuerung genutzt, in den wenigsten Fällen im Sinne von „Industrie 4.0", d. h. dem ERP-System bekanntgegeben.

H. Hippenmeyer, T. Moosmann, *Automatische Identifikation für Industrie 4.0*,
DOI 10.1007/978-3-662-52701-6_5

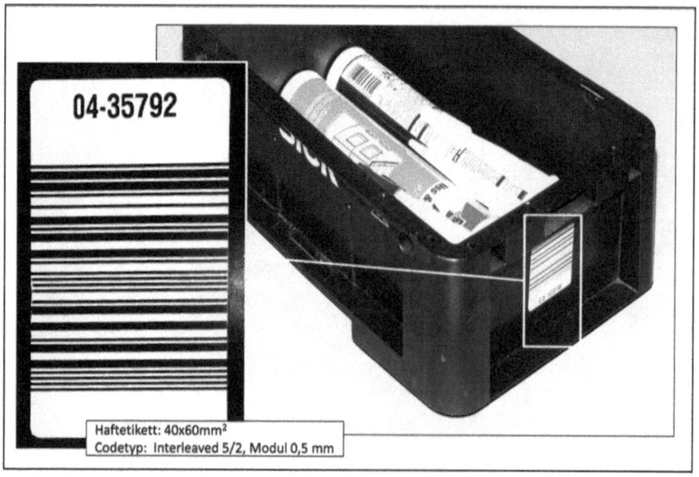

Abb. 5.1 Kleinladungsträger mit Barcodelabel

Die „Codeleser" bzw. „RFID-Lesegeräte" haben sich jedoch im Laufe der Zeit längst zu vollständigen Peripheriegeräten entwickelt (und bieten daher einen „Mehrfach"-Nutzen) : Neben der Funktion der Merkmalserfassung sind diese Geräte mit leistungsfähigem Display und Eingabetastatur ausgerüstet, die integrierte Kamera lässt sich außer zur Codeerfassung auch zur allgemeinen Bildaufnahme und damit zur Dokumentation benutzen. Auf Grund der miniaturisierten Baugröße und Schnittstellenvarianten (Funkschnittstellen) sind die Geräte heute mobil und mit den integrierten Rechnerleistungen in großem Umfang parametrierbar und für spezifische Anwendungen programmierbar. Abb. 5.2 zeigt ein derartiges Handterminal mit den beschriebenen Funktionen.

Die Geräte stellen heute das „industrietaugliche" Pendant zum „Tablet-Computer" dar, sie sind in technischer Ausführung für die Nutzung im rauen Betrieb ausreichend robust und technisch ausgereift.

Eine zweite Gruppe von Codeerfassungsgeräten für den voll automatisierten Materialfluß stellen die festmontierten Erfassungsgeräte dar deren Funktion zunächst auf die Anlagensteuerung ausgerichtet ist, die jedoch auch im manuellen Warentarnsport an entsprechenden Arbeitsplätzen eingesetzt werden können.

Nachstehend werden einige technische und anwendungsorientierte Merkmale verfügbarer Systeme näher beschrieben.

5.1 Erfassungsgeräte für Barcode und 2-D-Code

Für optisch erfassbare Code-Merkmale d. h. für schwarz-weiße oder farbige Barcodes, aber auch als Embossment ausgeführte Codierungen haben sich heute zwei technische Lösungen am Markt durchgesetzt: Das Scannerprinzip und das Kameraprinzip. Ohne auf

Abb. 5.2 Handterminal

technische Details einzugehen werden die beiden technischen Prinzipien im Folgenden kurz erläutert und deren spezifische Eigenschaften dargestellt.

5.1.1 Scanner („Laserscanner")

Das Scannerprinzip beruht auf der Abtastung einer Oberfläche mit einem bewegten feinen Lichtpunkt („Flying-Spot-Scanner") und der Aufnahme der reflektierten Strahlung mit einem photoelektrischen Wandler. Obwohl seit über 120 Jahren in der elektrischen Messtechnik und später in der Filmabtastung verwendet, hat das Scannerprinzip seit der Verfügbarkeit des Lasers (zunächst als HeNe-Gaslaser, heute durchweg Halbleiterlaser) einen enormen Aufschwung genommen und wird in extrem hohen Zahlen in folgenden Geräten angewandt:

- Alle Laserdrucker
- CD-/DVD-Laufwerke
- Laserscanner in der Materialflußautomation
- Laserbeschriftungssysteme
- Laserbearbeitungssysteme

Die Abb. 5.3 zeigt die prinzipielle Funktion eines Laserscanner:

Die Laserlichtquelle erzeugt ein enges Strahlenbündel, dessen Brennpunkt idealerweise etwa in der Ebene der abzutastenden Codierung, der Oberfläche des Objektes liegt.

Der Lichtweg dieses Strahlenbündels geht von der Laserlichtquelle aus über den Kollimator 1 durch den Umlenkspiegel zum Polygon (Spiegelrad) und wird von diesem durch die Drehung von Punkt (A) auf der Codierung kontinuierlich nach Punkt (B) geführt, d.h. mit dem (Laser-) Lichtpunkt wird die Strecke (A)>(B) abgetastet, die Codierung wird nun den Lichtstrom entsprechend ihrer punktuellen Reflektivität modulieren, das zurückgeworfene Licht wird als bereits durch die Abtastung bereits auf dem „Zeitstrahl“ moduliert.

Ein Teil dieses modulierten Lichts wird nun rückwärts über Spiegelrad, Umlenkspiegel und Kollimatorlinse 2 auf das Empfangselement gebracht und in ein elektrisches Signal umgewandelt, dessen Amplitude in Abb. 5.4 : Intensitätsmodulation dargestellt ist. Dieser Scanvorgang wiederholt sich (infolge der kontinuierlichen Rotation des Spiegelrades) ständig mit einer Frequenz, die von Spiegelraddrehzahl und Anzahl der Spiegelflächen abhängig ist und bei Geräten für die Materialflußautomation (festmontierte Geräte) bis zu ca. 2000 Hz betragen kann. Das bedeutet, dass eine Codierung alle 0,5 ms einmal abgetastet wird. Die echte Scandauer (Strahldurchlauf von (A) nach (B)) beträgt effektiv 50 %…80 % der Scanwiederholzeit.

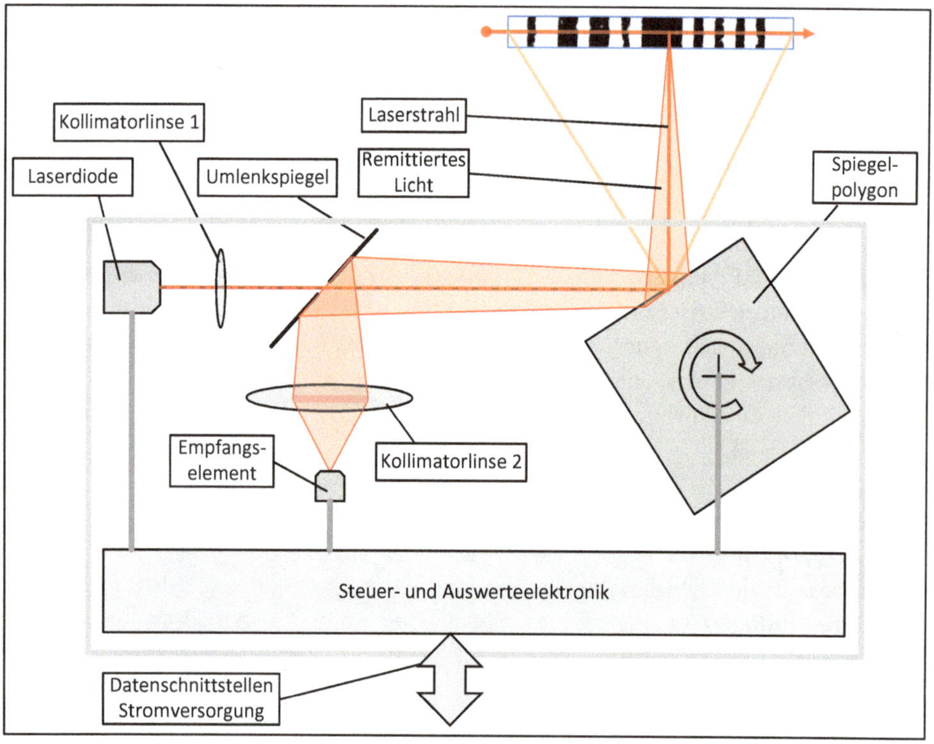

Abb. 5.3 Prinzip Laserscanner

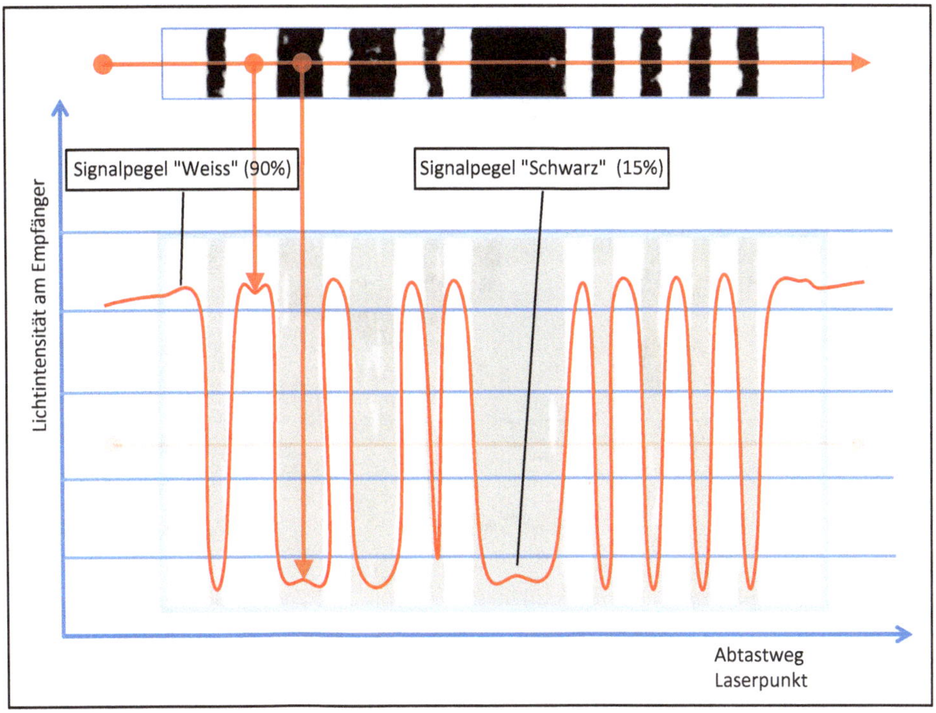

Abb. 5.4 Intensitätsmodulation

Weiterhin ist zu beachten, dass bei einer Scanlänge von angenommen 500 mm die Scangeschwindigkeit (Ablenkgeschwindigkeit des Lichtstrahls auf der Strecke (A)>(B)) nun 1 mm/µm d. h. 1000 m/s beträgt. Aus diesen Relationen wird deutlich, dass Eigenbewegungen von Objekten beim Einsatz leistungsfähiger Laserscanner in weitem Rahmen überhaupt keine Rolle spielen. Dies macht den Laserscanner für den Einsatz bei schnellbewegten Objekten nach wie vor zum Mittel der Wahl!

Für handgeführte Lesegeräte war der Laserscanner ebenfalls die vorherrschende technische Lösung. Hier ist allerdings die Leistungsfähigkeit (bedingt durch Einschränkungen in Gewicht, Bauraum und Energieverbrauch) wesentlich geringer als im obigen Fall beschrieben (Scanfrequenz ≤ 100 Hz, Reichweitenlimitierung).

Aus oben genannten Gründen wurde der Laserscanner im Bereich der handgeführten Erfassungsgeräte durch kamerabasierte Geräte verdrängt.

Abb. 5.5 zeigt beispielhaft einige verfügbare Codeerfassungsgeräte.

Ein weiteres Problem beim Einsatz von Laserscannern ist die „Bilderfassung". In Fällen, in denen der abtastendes Lichtstrahl einen Barcode in relativ großem Winkel abtastet, wird der Code nicht mehr vollständig („als Ganzes"), sondern zeitversetzt in Teilen erfasst wie dies Abb. 5.6 zeigt.

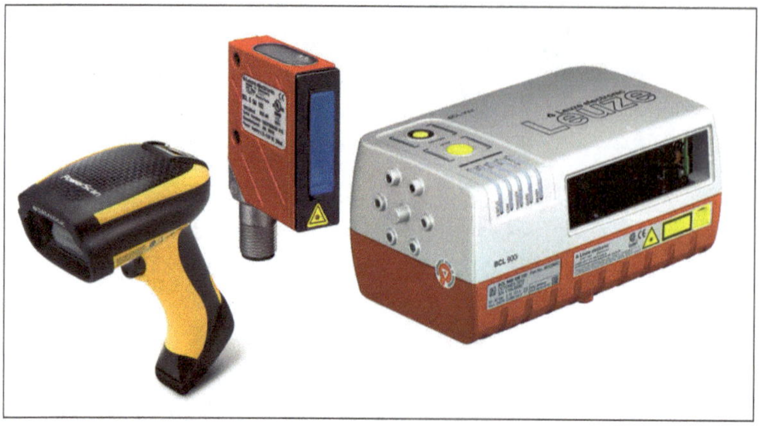

Abb. 5.5 Barcodeleser

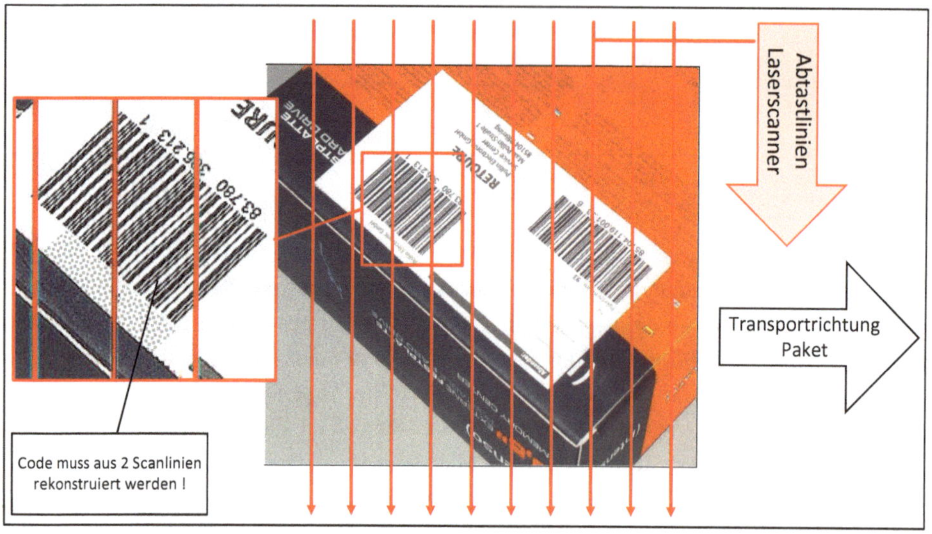

Abb. 5.6 Unvollständige Codeerfassung

In solchen Fällen muss das Codelesegerät die einzelnen Codeteile zusammensetzen, hieraus ein Gesamtbild erstellen und dieses auswerten. Bedingt durch technische Eigenheiten ist diese Aufgabe mit dem Laserscanner nur mit hohem technischem Aufwand zu lösen sodass bei derartigen Aufgabenstellungen heute vorzugsweise auf kamerabasierte Systeme wie im nächsten Abschnitt beschrieben zurückgegriffen werden sollte.

Ein weiteres Problem beim Einsatz des Laserscanners ergibt sich aus der Tatsache, dass die Wellenlänge des Lasers festliegt und absolut monochromatisch ist (rot: ca. 635 nm, blau: ca. 405 nm), was an die Druckfarbe des Codes bzw. an die Farbe des Untergrundes besondere

Anforderungen stellt. Bei der Planung eines Scannereinsatzes sollte hierauf besonders geachtet werden, besonders im produktionsnahen Bereich, wenn diverse Untergründe bei der Teilecodierung Anwendung finden sollen (z.B. Code auf farbigem Kunststoffteil, das im Thermotransfer- oder Direct-Marking-Verfahren gekennzeichnet werden soll).

Aufgrund der besonderen Eigenschaften des Laserlichts (Monochromasie und große Kohärenzlänge) ist beim Einsatz des Laserscanners auch auf möglichst reflexfreie (glanzfreie) Oberflächen des Codemerkmals und des Untergrundes zu achten: Hier können unerwünschte Effekte wie Interferenzen (Speckle) auftreten.

Andererseits können mit dem Laserscanner besondere Anwendungen, wie z.B. die Codelesung auf Oberflächen mit spiegelnder Beschichtung leicht gelöst werden. Hierzu sind einige optische „Tricks“ erforderlich wie z.B. diffus reflektierende weiße Oberflächen.

Auf eine Eigenschaft der Lesegeräte soll hier besonders eingegangen werden: Die Lesegrenzen oder das maximale Lesefeld. Hierunter werden diejenigen geometrischen Grenzwerte verstanden, innerhalb derer das Lesegerät (eine normgerecht ausgeführte Codierung vorausgesetzt) in der Lage ist, die angebotene Codierung korrekt zu erfassen und auszuwerten. Die folgende Abb. 5.7: Lesefelddarstellung zeigt das Lesefeld in Abhängigkeit von einigen Parametern wie es für ein bestimmtes Produkt angegeben wird.

Es ist klar ersichtlich, dass hier im Wesentlichen zwei Grenzwerte wichtig sind: Der Abstand Amin und Amax: Hierdurch wird eine Schärfentiefe definiert, innerhalb derer die Codierung erfasst werden kann (die Werte Amin und Amax werden meist als Abstand von

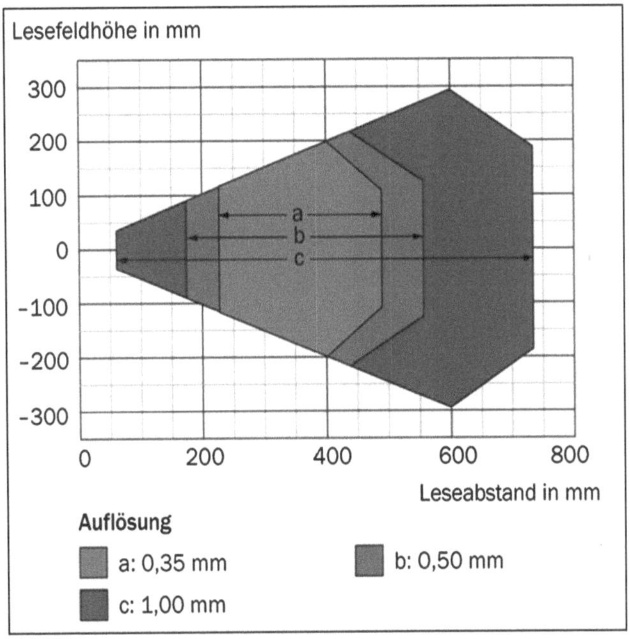

Abb. 5.7 Lesefelddarstellung

der Frontseite des Lesegerätes angegeben). Die weiteren Größen H_{min} und H_{max} stellen die vertikalen Grenzen des Schärfentiefenbereichs dar: Diese Grenzen werden durch den Bildwinkel (bzw. den Scanwinkel) des Lesesystems vorgegeben. Somit entsteht die trapezförmige Form des Lesefeldes, die sich bei allen am Markt befindlichen Systemen (unabhängig ob Scanner oder Kamera) wiederfindet. Eine Ausnahme bilden hier telezentrische Systeme, die zur Codeerfassung jedoch nur in Ausnahmefällen eingesetzt werden.

Zurückkommend auf den oben beschriebenen „Schärfentiefenbereich" weisen Laserscannersysteme einen Vorteil gegenüber Kamerasystemen auf: Die Systemauflösung ist im Falle des Laserscanners nur von der Größe (und Form) des scannenden Laserlichtpunktes abhängig, es können aufgrund der Strahlungseigenschaften mit dem Laser Lichtbündel mit extrem geringem Anfangsdurchmesser bei gleichzeitig hoher Strahlungsleistung im entfernten Fokus erzeugt werden. Die Relation zwischen dem Bündeldurchmesser am Austritt aus der Kollimator-Linse und dem Durchmesser des Lichtpunktes im Fokus folgt der Formel:

$$D_{fp} = 1{,}22 \times \lambda \times f_b / D_{ap},$$

mit D_{fp} = Durchmesser des Fokalpunktes, f_b = Fokalentfernung und D_{ap} = Durchmesser des Lichtbündels am Lichtaustritt, λ = Wellenlänge in µm. Ein derartiger Strahlenverlauf wird beispielhaft in Abb. 5.8 dargestellt.

Nimmt man einen konkreten Fall, z. B. f_b (bildseitiger Fokalabstand) = 300 mm, D_{ap} (Durchmesser des Strahles am Lichtaustritt) von 2 mm und eine Wellenlänge von 0,63 µm, dann erhält man als Lichtpunktdurchmesser im Fokuspunkt ca. 0,12 mm. Das Verhältnis f_b/D_{ap} (im Beispiel als Zahlenwert : 150) entspricht nun der altbekannten „Blendenzahl" aus der Fotografie: Sofort leuchtet ein, dass mit diesen Blendenzahlen im Bereich der Beleuchtungssysteme (in Grenzen auch im Bereich der abbildenden Systeme) überhaupt nichts anzufangen ist: Diese Eigenschaft des Lasers, eng begrenzte Strahlbündel mit geringstem Öffnungswinkel bei gleichzeitig hohem Leistungsfluss zu erhalten ist einzigartig und macht den Laser für die eingangs genannten technischen Geräte unverzichtbar.

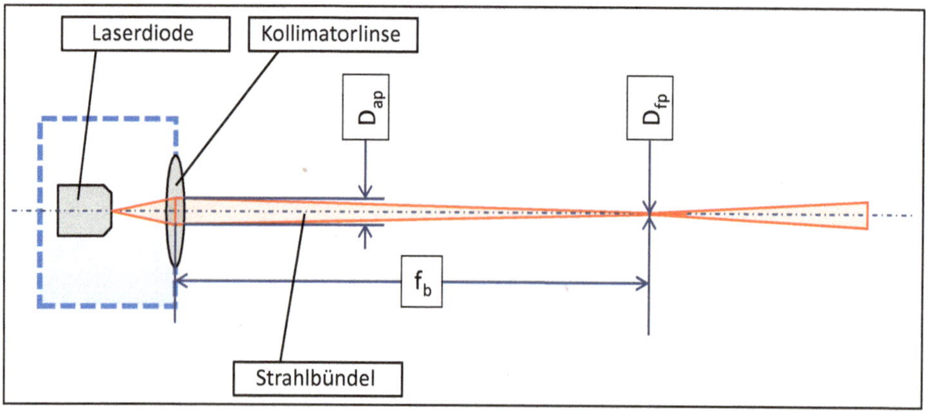

Abb. 5.8 Strahlgeometrie

5.1.2 Kamera („Imager, Scanner")

Das Kameraprinzip als technische Lösung ist ebenfalls aus der Historie bekannt und wird im Gegensatz zum Scannerprinzip weit länger benutzt. Die Nutzung des Kameraprinzips ist seit der Verfügbarkeit elektronischer, halbleiterbasierter Sensorchips praktisch unbegrenzt. Die konventionelle Bilderfassung und -Speicherung mit Hilfe der Silberschicht und nasschemischer Entwicklung wurde vollständig abgelöst. Die folgende Abbildung zeigt schematisch den äußerst einfachen Aufbau eines kamerabasierten Sensorsystems mit der damit verbundenen Beleuchtungseinrichtung zur Szenenausleuchtung (Abb. 5.9).

Abb. 5.10 zeigt eine vollständige Kamerabaugruppe mit LED-Beleuchtung wie sie vielfach verwendet wird:

Der Einsatz des Kameraprinzips zur Erfassung von Codierungen aller Art ist naheliegend, wird jedoch von folgenden Entwicklungen massgeblich vorangetrieben:

- Verfügbarkeit empfindlicher, hochauflösender Bildaufnahmechips mit ausgezeichneten Eigenschaften
  (hohe Dynamik, hohe Übersteuerungsmöglichkeit, geringe Leistungsaufnahme, schnelle Bildfolge)

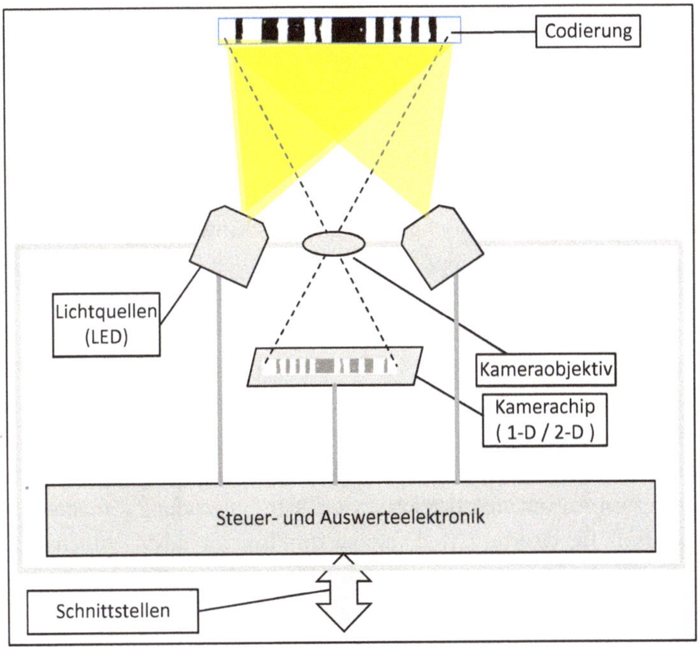

Abb. 5.9 Kameraaufbau

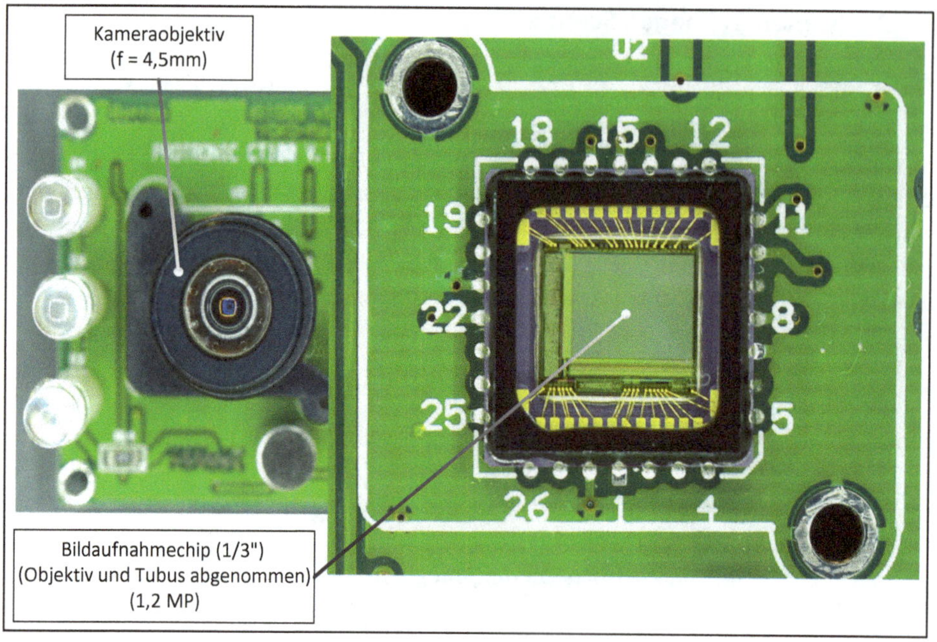

Abb. 5.10 Kameramodul

- Entwicklung der Beleuchtungstechnik durch leistungsfähige LED-Lichtquellen
- Miniaturisierung der Mikroprozessorsysteme bei gleichzeitig vielfach gesteigerter Rechenleistung zur Bildverarbeitung

Damit sind heute Sensorsysteme verfügbar, die in ihrer Anwendungsbreite vom handgeführten Terminal über festmontierte Codeleser in der Materialflussautomation bis zu Hochleistungslesesystemen für Hochgeschwindigkeitsanwendungen wie beispielsweise die Paketsortierung oder die Fluggepäcksortierung reichen (hier sind in den Materialflusssystemen heute Objektgeschwindigkeiten bis zu 5 m/sec üblich).

Die elektronischen Bildaufnehmer sind in zwei Grundbauformen verfügbar: Einerseits als „Zeilensensor“ mit einer Auflösung von bis zu 8000 Bildpunkten, diese Bauform eines Bildaufnahmechips erzeugt genau wie ein Scanner repetierend eine einzige Bildzeile.

Abb. 5.11 zeigt einen derartigen Zeilensensor mit 2160 Empfangselementen. Mit Zeilensensoren ausgerüstete Systeme haben unter dem Namen „Zeilenkamera“ („Line-Scanner“) in der Codeerfassung in zwei Anwendungsbereichen vielfältige Anwendung gefunden:

Erstens als Ersatz für laserbasierte Systeme zum Einbau in Maschinen (z. B. medizinische Analysensysteme, Montageautomaten für kleine Werkstücke u. ä.) in denen es auf äußerst kleine Bauform ankommt und die zu erfassende Codierung in praktisch immer gleichem Abstand erfasst werden muss.

Abb. 5.12 zeigt einen kleinen Barcodeleser wie oben beschrieben.

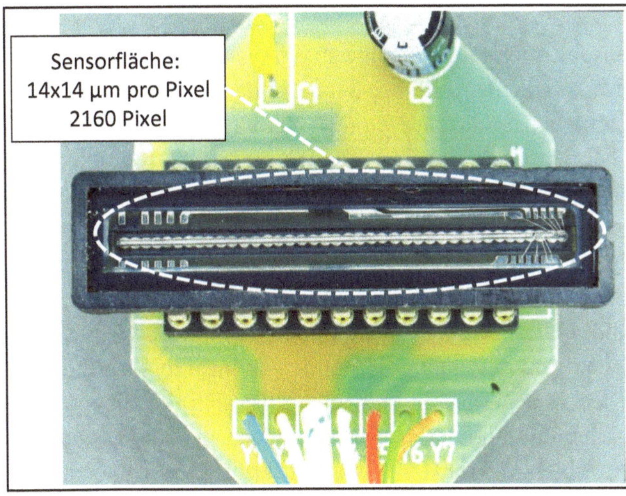

Abb. 5.11 Zeilensensor

Abb. 5.12 Barcodelesegerät mit Zeilenkamera

Das zweite Einsatzfeld für Zeilenkameras ist das „Hochleistungssegment“ der Codeerfassung: Wenn bei höchsten Objektgeschwindigkeiten und damit sehr hohen Abtastraten eine Codeerfassung durchgeführt werden soll, ist der Einsatz von Zeilenkameras dem Einsatz von 2-D-Kameras vorzuziehen: Es werden dann Zeilenkameras mit bis zu 8000 Bildpunkten bei Bahngeschwindigkeiten von bis zu 5 m/sec eingesetzt, dies sehr oft auch in „Mehrfach“-Anordnung, d. h. mehrere Zeilenkameras werden zur Erzeugung großer Abtastbreiten nebeneinander über einer Förderstrecke angeordnet. Die erfassten

Bildzeilen der einzelnen Kameras werden dann elektronisch zu einer einzigen Bildzeile verbunden und ausgewertet. Diese Hochleistungssysteme sind auch in der Lage ein fortlaufendes (Grauwert-) Bild der erfassten Szene zu liefern.

Um die erforderlichen Schärfentiefen (d. h.) große Lesebereiche in Z-Richtung zu ermöglichen wird bei den Hochleistungssystemen die dynamische Fokusverstellung angewandt: Die Schärfenebene des Kamerasystems wird (durch einen externen Sensor gesteuert) auf die Oberfläche des abzutastenden Objektes eingestellt.

Abb. 5.13 zeigt ein derartiges Lesesystem im praktischen Einsatz: Die Anwendung „Paketsortierung" wird heute weltweit vollständig mit Hilfe großer Sortieranlagen unter Einsatz des Barcodes (2-D-Codes) gesteuert und in Echtzeit abgebildet.

Die zweite Grundform des elektronischen Bildaufnehmers stellt der 2-D-Kamerachip dar: lange nach den Zeilensensoren entwickelt, hat sich diese Sensortechnik stürmisch entwickelt. Von anfänglich kümmerlichen Pixelzahlen von 300.000 sind heute Kamerachips mit bis zu 25 Megapixeln (25.000.000!) verfügbar. Diese Sensoren sind farbtauglich und heute die Basis für eine Reihe moderner Codeerfassungssysteme.

Sowohl handgeführte Lesegeräte (oder „Handterminals") werden heute mit 2-D-Kameras ausgestattet, aber auch im Bereich der festmontierten Systeme zur Materialflußautomation werden mehr und mehr kamerabasierte Geräte eingesetzt.

Abb. 5.14 zeigt ein Handterminal, das mit einer hochauflösenden Kamera ausgerüstet in der Lage ist, praktisch alle Arten von Codierungen (Barcode, 2-D-Code) zu erfassen. Die Bildaufnahme zu Dokumentationszwecken ist ebenfalls möglich.

Abb. 5.15 zeigt ein kamerabasiertes Codeerfassungssystem der mittleren Leistungsklasse, das als festmoniertes gerät in der Materialflussautomation zum Einsatz kommt. Der Vorteil kamerabasierter Gerät in dieser Anwendung liegt in ihrer Flexibilität: sowohl die Sensorhardware als auch die Software lässt sich ohne großen Aufwand an die Aufgabenstellung optimal anpassen, insbesondere das Beleuchtungsmodul, das einen

Abb. 5.13 Hochleistungslesesystem

Abb. 5.14 Handheld Datenterminal mit Kamera

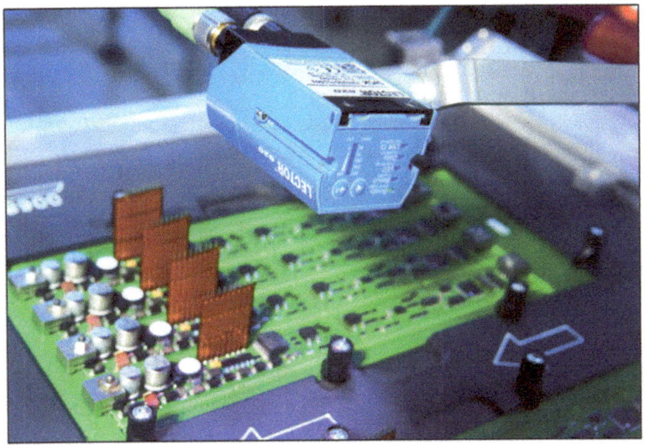

Abb. 5.15 Barcodeleser auf Kamerabasis

erheblichen Anteil an einer technisch guten Problemlösung hat, kann bei vielen Geräten der Aufgabenstellung entsprechend ausgewählt werden.

5.2 Erfassungsgeräte für RFID-Datenträger

Die RFID-Technik hat sich heute in den verschiedensten Anwendungsbereichen etabliert: In der Tiermedizin und Tierhaltung wird sie seit langem (mit Hilfe eines implantierten Datenträgers) zur eineindeutigen Kennzeichnung des Individuums und auch zur Steuerung von Hilfssystemen genutzt; weitere Anwendungen sind Zutrittssysteme (Fahrzeuge aller Art), Abrechnungssysteme (ÖPNV, Energiezähler) u.v.a. mehr.

Die o.g. Anwendungen sind alle auf ein Kernmerkmal der RFID-Technik angewiesen, nämlich der Möglichkeit, im RFID-Datenträger jederzeit Daten zu schreiben und zu speichern. Weiterhin können bei der Datennutzung Verschlüsselungstechniken (Encryption) angewandt werden, da der Datenträger ja selbst mit einer Rechenkapazität ausgerüstet ist. Fälschungssicherheit und Schutz gegen unbefugte Nutzung sind somit mit RFID-Datenträgern möglich, dies ist bei optischen Kennzeichnungsmerkmalen naturgemäß nur sehr schwer möglich, ein optisches Kennzeichnungsmerkmal kann mit geringem Aufwand zumindest dupliziert werden.

Trotz dieser scheinbar vorteilhaften Möglichkeiten der RFID-Techniken hat deren Einsatz im logistischen Anwendungsfeld trotz anfänglicher (und langandauernder) Euphorie bis heute nicht den erwarteten Umfang gefunden: Ob die mit dem „Internet of Things" (IoT) verknüpften Erwartungen im Hinblick auf einen flächendeckenden Einsatz der RFID-Technik führen werden bleibt abzuwarten.

Für Anwendungen in der Logistik, in denen die RFID-Technik zum Einsatz kommt, stehen wie für die Erfassung optischer Merkmale eine Reihe von unterschiedlichen Systemen zur Verfügung. Diese lassen sich (vergleichbar den optischen Systemen) in die folgenden Kategorien einteilen:

- Handgeführte Systeme („Handterminals")
- Systeme zur Erfassung von RFID-Datenträgern in automatisierten Materialflusssystemen mit geringen Anforderungen
  (z. B. Fördersysteme für Kleinladungsträger bei niedrigen Fördergeschwindigkeiten und praktisch konstantem Leseabstand, Montagesysteme, Prüfsysteme u. ä. im Produktionsbereich)
- Systeme zur Erfassung von RFID-Datenträgern in automatisierten Materialflusssystemen bei extremen Anforderungen
  (z. B. Fördersysteme für Pakete oder Großladungsträger wie Paletten oder Gitterboxen mit hohen Fördergeschwindigkeiten oder großen Erfassungsabständen;
  Erfassung von unterschiedlichsten Objekten bei hohen Fördergeschwindigkeiten und bei völlig unbestimmter Objektlage wie z. B. Gepäckstücke (Fluggepäck) auf einer Förderstrecke)

Abb. 5.16 zeigt ein zur Erfassung von RFID-Datenträgern geeignetes Handterminal zum Einsatz in der Intralogistik, das in Funktionalität und Bedienbarkeit dem optischen „Pendant" aus Abb. 5.16 entspricht. Die Erfassungsreichweite dieser Systeme ist begrenzt.

Abb. 5.17 zeigt ein Erfassungsgerät für RFID-Datenträger für den Einsatz in der Materialflussautomation: Durch die engen Vorgaben im Hinblick auf das Fördergut und die Ortsfeste Montage sind hier die Leseentfernungen festgelegt und unproblematisch.

Praxishinweis: Während bei der Erfassung optischer Codemerkmale nur die optischen Eigenschaften auf der direkten Linie zwischen Lesegerät und Codierung füe die

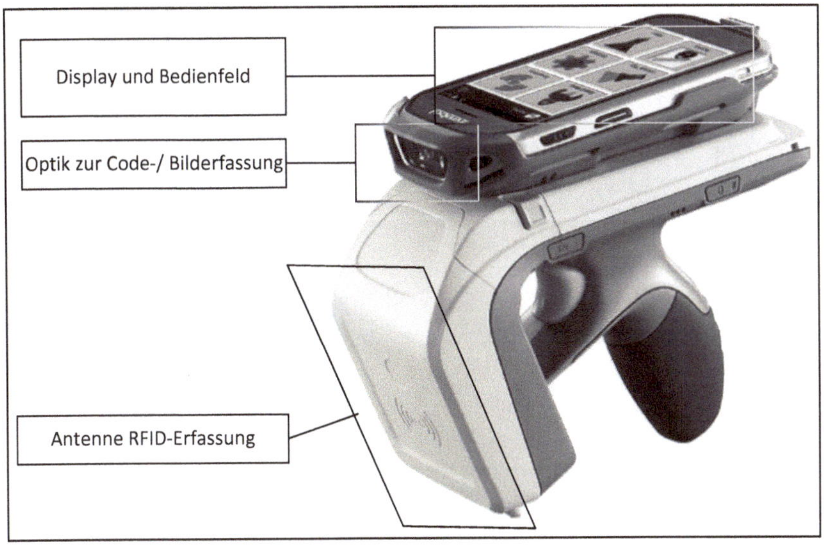

Abb. 5.16 Handheld RFID-Terminal

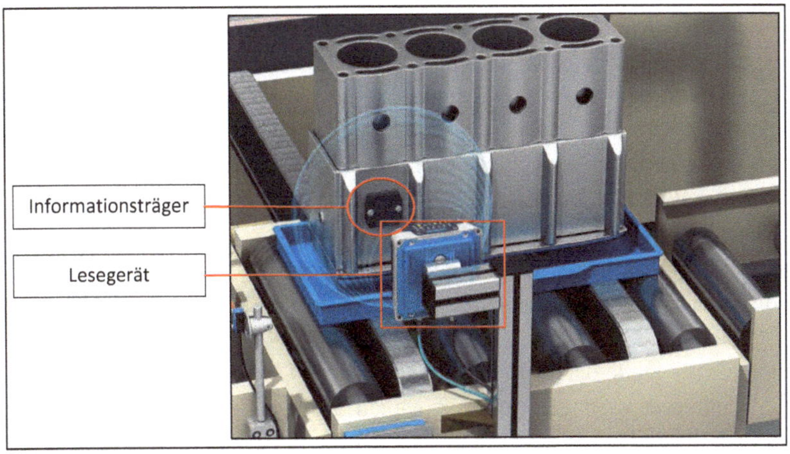

Abb. 5.17 RFID-Lesegerät zur Materialflussautomation

„Erfassbarkeit“ entscheidend sind, greift das magnetische Feld eines RFID-Lesers für HF-Tags (125 kHz, 13,56 MHz) „unsichtbar“ in einen Raum aus, in dem vorhandene RFID-Tag erfasst werden können, auch ungewollt. Bei der Erfassung von UHF-Tags ist dies im Strahlungsfeld eines leistungsstarken Lesegerätes ebenfalls möglich. Eventuell muss hier mit Abschirmungen gearbeitet werden.

Solche Probleme lassen sich durch Feldsimulationen auch rechnerisch räumlich analysieren; für eine tragfähige Simulation genügt es jedoch nicht, die physikalischen Eigenschaften der Leseeinheit bzw. des Datenträgers zu modellieren (was sehr einfach ist)

Abb. 5.18 Hochleistungs-RFID-Lesesystem

sondern es müssen auch die (strahlungs-) physikalischen Eigenschaften einer Umgebung (metallische Konstruktionsteile, abschirmende Bauteile) modelliert werden (was meistens nicht möglich ist). Im Anwendungsfeld der RFID-Lesung bleiben in den meisten Fällen nur der Versuchsaufbau und die HF-technisch korrekte Messung zur Absicherung übrig.

Abb. 5.18 zeigt ein Erfassungssystem zur Identifikation von Fluggepäck, das mit dem in Kap. 3 gezeigten Label gekennzeichnet wird und im schnellen Durchlauf durch das Lesesystem (bis zu 4 m/sec) mittels einer komplexen Antennenanordnung erfasst wird. Die Objekte haben auf der Förderstrecke keinerlei stabile Lage, deshalb ist es sehr schwierig den im Label befindlichen RFID-Datenträger immer zu erfassen. Diese Lesung wird noch durch die Tatsache erschwert, dass das Gepäckstück natürlich auch aus Metall („Alukoffer") bestehen kann.

Dieses System besteht aus einer komplexen Antennenanordnung (4-seitig) die einen Raum von ca. $1 \times 1 \times 1$ m^3 ausleuchtet und jeden in diesem Raum befindlichen RFID-Datenträger erfasst.

Es sei an dieser Stelle darauf hingewiesen, dass bei Lesesystemen im UHF-Bereich mit externen Antennenanordnungen auch wesentlich größere Erfassungsräume ausgeleuchtet werden können. Diese großen Erfassungsräume können auch relativ scharf abgegrenzt nebeneinander gebildet werden. Damit ist es möglich, in Logistiksystemen in denen z. B. Gitterboxen, Paletten oder Rollcontainer auf einem bestimmten Bereitstellungsplatz zu erfassen sind, diese eindeutig zu identifizieren. Die Leseentfernungen können bis zu ca. 30 m betragen.

Die in der RFID-Technik latent bestehende Problematik der „Kollision", d. h. dass mehrere RFID-Datenträger im Erfassungsraum des Lesegerätes antworten ist durch selektives Aufrufen der einzelnen Tags gelöst, d. h. es können alle Datenträger korrekt identifiziert werden; leider sit in den meisten Fällen eine ortsrichtige Zuordnung nicht möglich. Trotzdem ist die Aufgabenstellung der „Bulk-Lesung", d. h. alle auf einer Palette befindlichen Objekte sollen gemeinsam identifiziert werden, noch nicht gelöst: zu unterschiedlich sind die vom Ladegut ausgehenden Einflüsse auf die Kommunikation zwischen Lesegerät und RFID-Datenträger.

5.3 Sonstige Erfassungsgeräte

Zur Erfassung von Objektkennzeichnungen sind für anwendungsspezifische Aufgabenstellungen eine Reihe von weiteren Geräten am Markt verfügbar. So ist zum Beispiel wie in Kap. 3 beschrieben für einfache Sortieraufgaben auch die Anwendung der Farbcodierung oder der Farberfassung eines Objektes denkbar: Hierzu sind eine Reihe von Farbsensoren verfügbar, die jedoch in ihrer Funktionalität auf die Farberfassung und-Unterscheidung ausgerichtet sind und deshalb nicht äquivalent (d.. als Datenerfassungsgerät) zu den codeerfassenden Geräten einsetzbar sind.

Für die Erfassung von aktiven RFID-Datenträgern gibt es ebenso eine Reihe anwendungsspezifischer Lösungen. Hier ist die Funktionalität des Erfassungsgerätes direkt mit den technischen Eigenschaften des Datenträgers gekoppelt. Aktive Datenträger, d. h. mit einer eigenen Energiequelle (Batterie) ausgestattete Datenträger finden jedoch in der produktionsnahen Logistik wenig Anwendung sondern kommen z. B. bei der Identifikation von Containern oder anderen Großladungsträgern zum Einsatz. Diese Systeme erlauben dann Erfassungsreichweiten bis zu mehreren hundert Metern und darüber hinaus auch die Lokalisierung des RFID-Datenträgers in einem großen Areal.

Ein weiteres Beispiel für eine anwendungsspezifische Codierung ist die Farbringcodierung von Glasampullen bei denen der Spieß, d. h. das zum Öffnen der Ampulle abzubrechende Teil mit farbigen Ringen versehen wird und damit eine Identifizierung der Ampulle während der gesamten Herstellung erlaubt. Hierfür sind ebenfalls aufgabenspezifische Erfassungsgeräte verfügbar.

Die oben genannten Anwendungen spielen jedoch in der Intralogistik (Produktion oder Distribution) keine nennenswerte Rolle und sollen daher hier nicht weiter ausgeführt werden.

Literatur

1. **Physik für Ingenieure (Springer-Lehrbuch) Gebundene Ausgabe** – 3. Februar 2012 **von Ekbert Hering (Autor), Rolf Martin (Autor), Martin Stohrer (Autor)** Gebundene Ausgabe: 1006 Seiten Verlag: Springer; Auflage: 11 (3. Februar 2012) Sprache: Deutsch ISBN-10: 3642225683 ISBN-13: 978-3642225680

Systemplanung

6

Die Systemplanung für Logistiksysteme ist in ihren Grundlagen sowohl in der Theorie als auch in der Praxis mit einer großen Menge leistungsfähiger Werkzeuge untermauert. Es existieren hier eine Reihe von umfangreichen Arbeiten und Büchern, die den Stand der Technik detailliert beschreiben und dem Anwender wertvolle Hinweise geben. Merkmal dieser Werkzeuge ist es, dass die Automation der Intralogistik, und hierbei die Mechanisierung ganz im Vordergrund stehen: Der Informationstechnik auf der Seite des manuell bewerkstelligten Materialflusses kommt hier bei weitem nicht die notwendige Bedeutung zu: Gerade hier entstehen jedoch zwangsläufig Fehler in einer nicht geringen Anzahl, die (weil meistens auf dem „kleinen Dienstweg" wieder behoben) nirgends erfasst werden, andererseits ein erhebliches Einsparpotential darstellen. Gleichzeitig steht der Mitarbeiter auf dieser Ebene permanent zur Optimierung der Prozessabläufe zur Verfügung: Im Gegensatz zum ERP-System (und darunter liegenden IT-Ebenen) ist der Mitarbeiter lernfähig und adaptiert intralogistische und Produktionsprozesse selbständig in Richtung Ressourcennutzung. Um diese Effekte nutzbar zu machen, oder „stillschweigende" Prozessänderungen, die sich auf Nachbarprozesse negativ auswirken können, zu verhindern ist es unumgänglich, den Wirkungsbereich der Informationsverarbeitung, d.h. Objekt- und Prozessidentifikation mit Hilfe der automatischen Identifikation und Datenerfassung bis in den manuell durchgeführten Materialfluss auszudehnen.

Abb. 6.1 stellt die innerhalb eines Unternehmens produktionsnah laufenden Warenflüsse und Informationsflüsse dar.

Welche Schritte notwendig werden, um ein existentes Produktions- und Intralogistikumfeld in einem KMU im Sinne von Industrie 4.0 aufzurüsten, wird im folgenden Kapitel beschrieben.

Abb. 6.2 zeigt als „Ausschnitt" der Abb. 6.1 die in einer Prozesskette anzulegenden Erfassungspunkte:

H. Hippenmeyer, T. Moosmann, *Automatische Identifikation für Industrie 4.0*,
DOI 10.1007/978-3-662-52701-6_6

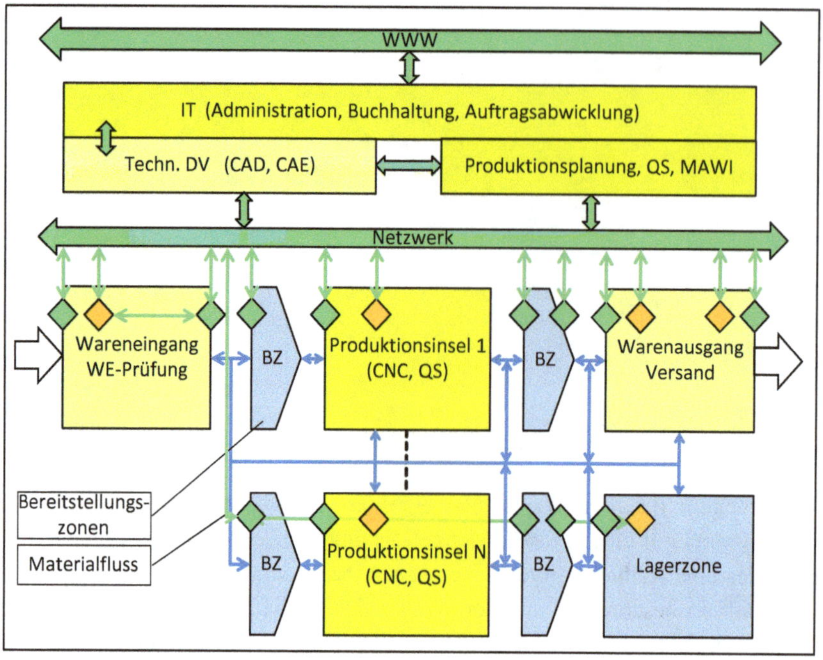

Abb. 6.1 Datenfluß „Top-Down" Produktionswesen

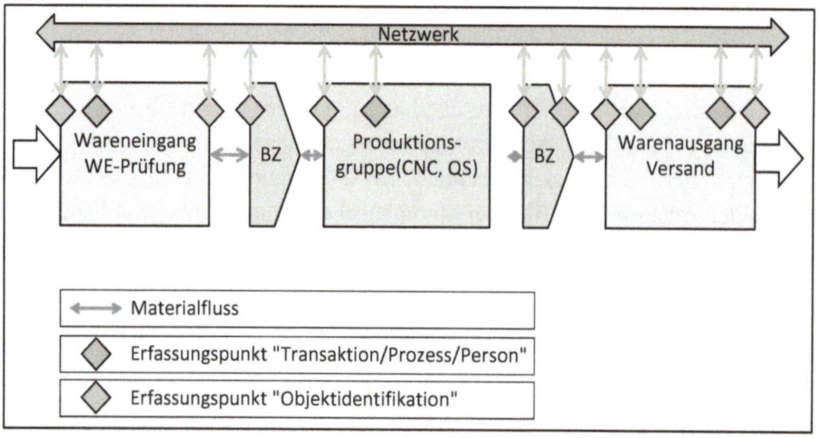

Abb. 6.2 Erfassungspunkte

6.1 Prozessanalyse

Die Systemplanung für Neuinstallationen wird wie oben beschrieben von einer Vielzahl von Werkzeugen sowohl aus dem Logistikbereich als auch aus dem Produktionsbereich unterstützt. Je nach Automatisierungsgrad werden auch Produktionsmittel und in diesem Bereich die Materialflusssysteme in die ERP-Systeme einbezogen, die automatische Identifikation kommt hier bereits im Planungsstadium als Element vor, Simulationswerkzeuge stehen ebenfalls in ausreichendem Maße zur Verfügung.

Die Problemstellung im kleinen und mittleren Unternehmen, das am Markt mit erfolgreichen Produkten und Dienstleistungen im Wettbewerb steht, stellt sich jedoch grundlegend anders dar:

Geschäftsprozesse sind in den Bereichen Rechnungswesen, Auftragswesen, Warenwirtschaft und Marketing mit IT-Systemen gut abgebildet und mit Werkzeugen ausgestattet.

Die Bereiche Intralogistik und Produktion sind im Hinblick auf die automatisierten Systeme (CNC-Maschinen, automatisierte Lagersysteme, Qualitätswesen) ebenfalls IT-technisch ins Firmennetzwerk eingebunden.

Manuell durchgeführte Prozesse entziehen sich jedoch weitgehend der Erfassung und Steuerung.

Deshalb ist es im **ersten Schritt** sinnvoll, eine Analyse der gesamten Prozessketten und damit verbundenen Materialflüsse zu erstellen. Dies geschieht am besten beginnend mit einer Strukturdarstellung (wie in Abb. 6.3 dargestellt) der Produktions- bzw. Materialflussprozesse für den IST-Zustand.

Bereits hier wird deutlich, dass eine Reihe von Materialflussrelationen weder vom ERP-System noch vom LVS (als unterlagertes Werkzeug) erfasst bzw. abgebildet wird.

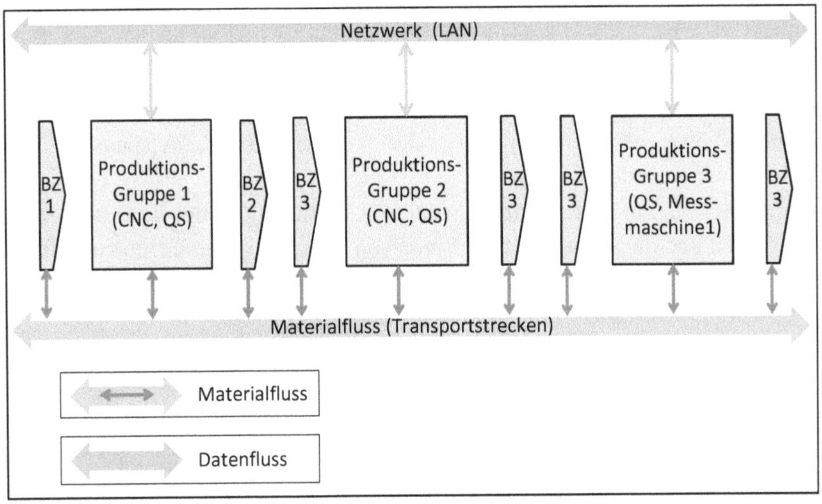

Abb. 6.3 Strukturdarstellung

Im **zweiten** Schritt können in diesem realen Strukturbild (unabhängig von den Anforderungen existierender SW-Werkzeuge!) sinnvolle Erfassungspunkte definiert werden. Die Erfassungspunkte sollten unter mehreren Gesichtspunkten definiert werden:

- Auftragssteuerung (Durchlauf, Sequenzen, Termine)
- Qualitätswesen (Prüfpläne für Teile, Werkzeuge etc., Yield, Fehlerhäufungen etc.)
- Rechnungswesen (Kosten, Materialeinsatz)
- Dokumentation (Rückverfolgbarkeit, Zuordnung „Teil“<–>„Dokumente“).

Es folgt danach die Grobplanung der Erfassungspunkte:

- Dateneingabe (Welche Daten sollen erfasst werden? **Hierzu Kap.** 6.3 **Objektkennzeichnung**)
- Datenausgabe (Wie sieht die Benutzerführung an der betreffenden Stelle aus?)
- Kennzeichnung (Sind an diesem Erfassungspunkt Objektkennzeichnungen erforderlich?)

6.2 Stammdaten/Namen/Hierarchie

Im Bereich der Stammdatenerfassung der Materialbenennung und der Namenshierarchie herrscht in vielen Unternehmen eine Vielfalt, die meistens historisch bedingt ist. In den meisten Fällen wird die Struktur eines Nummern- oder Namensystems wenig gepflegt, es existieren zahlreiche logistische Widersprüche. Die Stammdatenpflege ist ebenfalls ein permanentes Problem: Hier werden oft stillschweigend wesentliche Änderungen (z.B. Zertifikate o.ä.) nicht ausreichend betrachtet und in den Stammdatensätzen nicht nachgeführt. Eine Rückverfolgbarkeit von Produktionsprozessen bis hin zum Teilelieferanten wird somit unmöglich.

Damit ist der nächste Schritt (3) in der Systemplanung beschrieben: Das existente Nummern- und Namenssystem muss analysiert werden und ggf. im Sinne logischer Widerspruchsfreiheit geändert werden.

Es empfiehlt sich, mit einer Sammlung der im Unternehmen angewandten Bezeichnungen zu beginnen und diese daraufhin im Sinne von Mengendarstellungen zu visualisieren: Die Abb. 6.4 bzw. Abb. 6.5 zeigen die Folge anhand eines einfachen Beispiels:

6.3 Spezifische Objektkennzeichnung

Im Wesentlichen kann nun im nächsten Planungsschritt (4) damit begonnen werden, die spezifischen Objektkennzeichnungen festzulegen.

Zu diesem Zweck ist die Festlegung sinnvoller Objektklassen unumgänglich: Diese Festlegung wird durch die physische Unterschiedlichkeit der produzierten Teile bedingt. Am Beispiel der Produktion elektronische Flachbaugruppen soll dies demonstriert werden:

Bezeichnung	Kurz-zeichen	Nummernkreis	Anm.
Typennummer	TN	xxxx-yyyy	xxxx: 4-stellig, num.; yyyy: 4-stellig, alphanum.; Auswahltabelle!
Materialnummer	MAT	100000000.. 199999999	9-stellig, num.;
Testbericht	TEB	990000000 .. 999999999	9-stellig, num.;
....			

Abb. 6.4 Nummern/Bezeichnungen

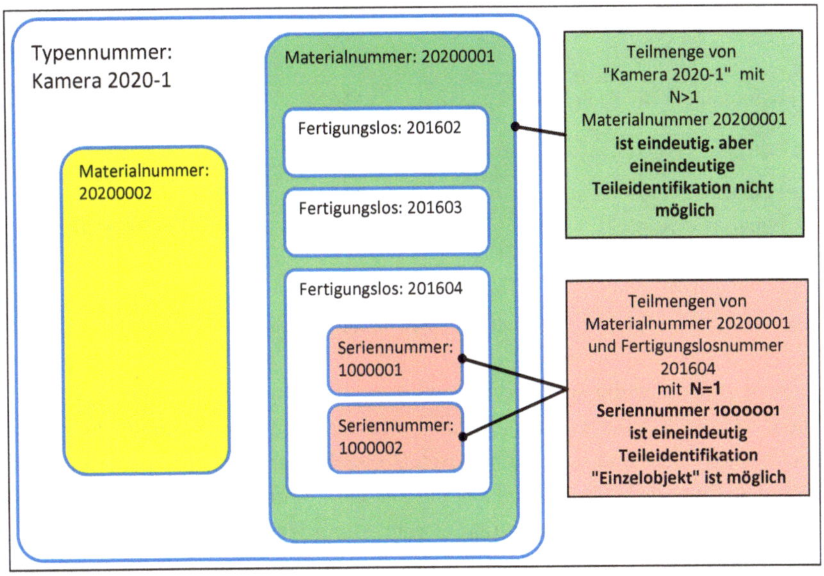

Abb. 6.5 Hierarchie/Mengen

Das in Frage kommende Teilespektrum umfasst miniaturisierte Elektronik-Bauelemente (SMD-Bauelemente als Gurtware), bedrahtete Bauelemente als Gurtware, lose Schüttgüter (mech. Befestigungsteile u. ä.) sowie magazinierte, hochpolige Schaltkreise, die nach Programmierung und Test ans Band geliefert werden. Einige Bauteile werden nach der maschinellen Bestückung manuell eingesetzt. Der Grundbaustein der Flachbaugruppen besteht in der Regel aus einer mehrlagigen Leiterplatte, diese werden losweise (Luftdicht) verpackt angeliefert und sollen nach dem FIFO-Prinzip verbraucht werden.

Aus den vorigen Angaben kann nach sorgfältiger Beurteilung, die bereits die betriebsüblichen Verfahren der Materialbereitstellung berücksichtigt, folgende vereinfachte Gruppenbildung erfolgen (Tab. 6.1):

Tab. 6.1

Gruppe	Merkmale	Kennz. Daten/ Behälter	Kennz.- Typ	Kennz.- Ort
1	Mech. Befestigungsteile, (Schüttgüter)	MAN		
2	Leiterplatten (10er-Pack)	MAN LON		
3	Bauelemente, Spulen	MAN LON		
4	Bauelement, Gurt	MAN LON		
5	Bauelement, Tray	MAN LON		
6	Baugruppe, Printed Circuit, einzelne Vorbestückung	MAN LON SNR		
…	…			
9	Baugruppe fertig nach Bestückung und Test	MAN LON SNR		
10	Verpackungskarton	MAN		
11	Baugruppe verpackt	MAN LON SNR		

MAN: Materialnummern, LON: Losnummer, SNR: Seriennummer

Hieraus ergeben sich die Anforderungen an die Infrastruktur:

Ausgehend vom Kennzeichnungsort für die verwendeten Bauelemente der sich bereits beim Lieferanten (oder ggf. im eigenen Betrieb nach Wareneingang und Qualitätssicherung) befinder, sind alle Bauteile am Eingang zur Verarbeitung gekennzeichnet. Nach dem Öffnen der Leiterplattenverpackung und Vereinzelung ist hier eine erste Kennzeichnung vorzunehmen: MAN (Materialnummer), LON (Losnummer), SNR (Seriennummer) sind auf der Leiterplatte anzubringen: Hier stehen mehrere Verfahren zur Verfügung:

- Etikettierung (Haftetikett) (1D-Codeg, oder 2D-Code)
- Lasermarkierung (auf Lackfeld) (2D-Code)

Die Auswahl erfolgt nach kommerziellen Gesichtspunkten. In jedem Fall empfiehlt sich an diesem Punkt „print on demand", der auslösbare Parameter ist die konkrete Auftragsnummer, die bis hierher als eindeutiges Merkmal gilt und die bisherigen Daten verknüpft.

Eine weitere Kennzeichnungsaufgabe ergibt sich nach dem Baugruppentest und der Verpackung. Auch hier wird die Kennzeichnung der Baugruppe wiederholt: Damit die Kennzeichnung abgeschlossen.

Damit die Planungsschritt (4) abgeschlossen. Es empfiehlt sich, insbesondere im Planungsschritt (4) praxisnahe Informationen einzuholen: Ausführung und Anbringung von

Kennzeichnungen auf realen Objekten in realem Produktionsumgebungen erfordern das Know-How des erfahrenen Mitarbeiters, der mit den Eigenheiten des Produktionsumfeldes vertraut ist!

6.4 Vernetzung, Datenfluss, Anwendung

6.4.1 Hardware-Voraussetzungen

Im nächsten Planungsschritt (5) können auf der Basis der analytischen Betrachtung der Schritte 1–4 die Voraussetzungen für die Systemintegration betrachtet werden. Zunächst werden natürlich eine Reihe von Möglichkeiten zur Installation und Betrieb der ausgewählten Erfassungs- und Ausgabegeräte zu schaffen sein.

Da die Vernetzung von Systemkomponenten in vielen Fällen auch im KMU heute bereits durchgeführt ist, erübrigt sich in der Regel die Neuinstallation eines Netzwerksystems. Es werden in der Regel lediglich neue Zugangspunkte zum Firmennetzwerk notwendig sein (WLAN, LAN).

Wo immer möglich sollen zur Datenerfassung und Objektidentifikation kabellose, über WLAN vernetzbare Geräte zum Einsatz kommen. Lediglich größere Geräte (z. B. Drucker zum Etikettendruck o. ä.) sollten über LAN erreichbar sein.

Je nach Prozess und Arbeitsumfeld kann es auch sinnvoll in Ergänzung zu handgeführten Geräten zur Codeerfassung eine festinstallierte Leseeinheit vorzusehen, damit werden z. B. multiple Codeerfassungen stark vereinfacht, das zu erfassende Produkt (oder Packstück) wird lediglich unter dem Erfassungsgerät präsentiert und erlaubt eine einfache Erfassung einer ganzen Codegruppe (siehe auch Beispielcode).

Diese Vorgehensweise, die sich wie bekannt als Standard am POS (Point of Sale) an der „Scannerkasse“ seit langem etabliert hat, wird im Zusammenhang mit der automatischen Identifikation im industriellen Umfeld viel zu wenig genutzt.

6.4.2 Software-Voraussetzungen

In einer sinnvollen Anwendung der automatischen Identifikation mit allen ihren Möglichkeiten in der industriellen produktiven Umgebung gehören auch eine Reihe von Planungsüberlegungen auf der Software-Seite: Netzwerkprotokolle und -prozeduren, ebenso Fragen zur Datenbank und Datenbankauswertung sind heute zum Teil Standardisiert, andererseits werden hier erprobte Lösungen im Markt angeboten. Es sei an dieser Stelle jedoch empfohlen in den o. g. Fragen keine firmenspezifischen Lösungen selbst zu erfinden, sondern auf „quasi“-Standards zurückzugreifen. Dem Anwender bleibt jedoch in der Systemplanung zunächst zu definieren, welchen Datenfluss das einzelne Erfassungsgerät bei der Lesung einer Codierung erzeugt, Nachfolgendes Beispiel eines vom Erfassungsgerät

(1) Dev_Ident	(2) Data_Ident	(3) Data	(4) Code_Ident	(5) Time Stamp

Abb. 6.6 Datenausgabe eines Erfassungsgerätes

erzeugten Telegramms sollte keinesfalls unterschritten werden und in seiner vollen Länge in der Datenbank abgelegt werden:

Unabhängig von Bits und Bytes, Framing und CRC, Prozedur und erforderlicher Bitrate sind die minimal von einem Erfassungsgerät auszugebenden Daten wie in Abb. 6.6 schematisch dargestellt:

(1) Dev_Ident: Device Identifier, Kennzeichnung des erfassenden Gerätes
  - Hieraus lassen sich Standort, Bediener, Gerätetyp und weitere Daten erhalten

(2) Data_Ident: Data Identifier, Kennzeichnung des erfassten Datensatzes
  - hieraus lässt sich die Semantik des Erfassten Zeichenstrings erhalten

(3) Data: Zeichenstring wie vom Erfassungsgerät gelesen, z. B. SNR000010573800 (hier Seriennummer 10573800, der Zeichenstring enthält den Data Identifier)

(4) Code_Ident: Codetyp wie vom Erfassungsgerät während der Decodierung ermittelt, z. B. EAN128 (hier Codetyp EAN128, Plausibilität vom Erfassungsgerät anerkannt)

(5) Time Stamp: Zeitstempel, Zeitpunkt der Erfassung
  - Dieser Zeitstempel (oder time-stamp) kann natürlich nach beliebigem Format bzw. Algorithmus ausgegeben werden, wenn möglich jedoch nach einem im internationalen Verkehr sinnvollen, standardisierten Format!

Im Weiteren wird nach Definition der Basis eine weitere Entscheidung bezüglich der Datenauswertung notwendig. Die Auswertung der erhaltenen Datensätze gestaltet sich äußerst vielseitig, d. h. die Möglichkeiten sind unbegrenzt und müssen deshalb im KMU (schon aus Kostengründen) im ersten Schritt auf einen sinnvollen Umfang beschränkt werden. Die Abb. 6.7 gibt einen ersten Überblick über Anwendungen, die nach Errichtung des Systems möglich sein werden:

Die Anwendungen lassen sich unterhalb der Basisanwendung, die im Wesentlichen der Benutzerführung, d. h. als „HMI" dient, in drei Gruppen einteilen:

A) Anwendungen im Rahmen der Prozesssteuerung

Diese Anwendungen laufen als Software-Interface in direkter Kommunikation mit dem ERP-System, d. h. hier werden grundlegende Prozesselemente (wie z. B. Teileidentifikation, Auftragsabwicklung (Beginn, Ende), Prozessergebnis (Gut-, Schlechtteile), Prozessänderungen (Sequenz), Plausibilitätschecks (Teileverfügbarkeit, Rohmaterialidentität etc.)) abgehandelt, ebenfalls die Benutzerführung.

Die Elemente „Teileidentifikation", „Teilebereitstellung" und „Auftragsabwicklung" sind im Sinne von Industrie 4.0 Basiselemente, die wesentlich zur Transparenz eines Produktions- bzw. Intralogistikablaufs beitragen.

Anwendungen
Kontrolle Materialbestand, Lagerorte (auch in Bereitstellungszonen)
Übersicht Materialbewegungen (Laufzeiten, Transportwege)
Prozessübersicht (P-Beginn, P-Ende, P-Durchführende(-r), Werkzeugnachweis)
Qualitätsberichte (Verwendungsnachweis Vorschriften, Q-Protokolle)
Prozessanalysen (KVP, 5S und andere Methoden werden erst durch AID wirksam)
Dokumentation (Integre Datensammlung aller relevanten Dokumente)
Rückverfolgung (Rückverfolgbarkeit aller Produktionsprozesse ein Produkt betreffend)
Kostenerfassung (Integre Darstellung von Materialeinsatz und Zeitaufwand)

Abb. 6.7 Anwendungen

B) Anwendungen im Rahmen der Prozessoptimierung
Diese Anwendungen als Analysen „im Hintergrund" dienen der Prozessoptimierung. Hier können mittel- bis langfristige statistische Daten der Produktions- oder Intralogistikaktivitäten erhoben werden: z. B. Umläufe von Materialpuffern von Bearbeitungszellen, Materialliegezeiten zwischen einzelnen Prozessschritten, fehlerhafte Materialbewegungen (z. B. Falschanlieferungen an Beistellzonen u.v.m.).

Bisher angewandte Optimierungsverfahren erhalten durch diese Analysen einen erheblichen Antrieb und Wirkung durch eine entsprechend umfangreiche, statistisch abgesicherte Datenbasis.

C) Anwendungen im Rahmen „Dokumentation"
Mit der durchgängigen automatischen Identifikation bzw. Datenerfassung wird die (einzig sinnvolle) Basis für die Dokumentation eines Betriebsablaufs geschaffen. Die Software-Basis hierfür („Datenaufzeichnung") erfüllt ein Datenbanksystem inhärent. Mit einigen einfachen Abfragealgorithmen können alle wesentlichen Informationen, die für eine integre Rückverfolgbarkeit wichtig sind, abgefragt und dem Nutzer zur Verfügung gestellt werden. Mit dem „Einstiegswert" Seriennummer sind alle wesentlichen Daten (Ereignisse und Materialien), die ein produziertes Teil betreffen verfügbar, die gilt jetzt auch für Ereignisse, die weit über den Produktionsbereich hinausgehen und alle Prozesse von Wareneingang bis zur Distribution (Kommissionierung) betreffen.

Eine Abfragefolge, wie sie in der Realität durchgeführt werden könnte, ist in Abb. 6.8 dargestellt:

Voraussetzung für eine sinnvolle Nutzung der erfassten Daten ist natürlich eine Systemplanung, die die Anforderungen möglichst präzise beschreibt und eine notwendige Basisausstattung an Hardware und Anwendungssoftware festlegt, die den Erfordernissen und Möglichkeiten eines KMUs entsprechend ausgebaut werden kann.

Die Planungsschritte werden in Abb. 6.9 nochmals zusammengefasst dargestellt:

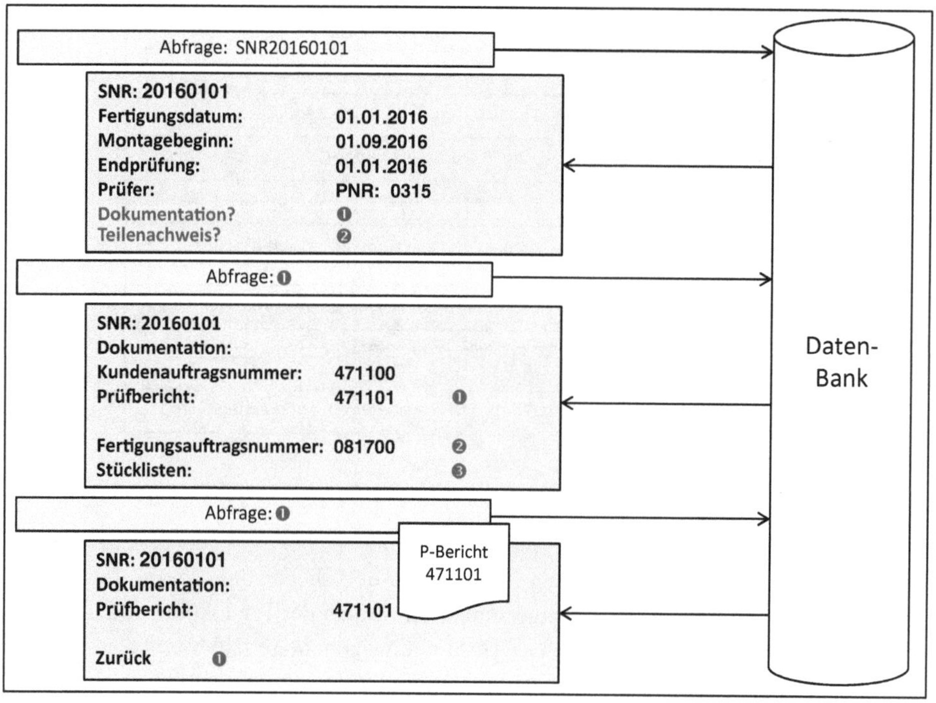

Abb. 6.8 Abfragefolge zur Rückverfolgung

	Planungsschritt	Ziel /Ergebnis
1	Prozessanalyse	Analyse Prozesse, Analyse Materialfluss, Definition Erfassungspunkte,
2	Stammdatenanalyse	Ist-Bestand Bezeichnungen, Logik, Hierarchieanalyse
3	Objektkennzeichnung	Definition Materialgruppen, Kennzeichnungsfestlegung und –vorschriften Festlegung Infrastruktur
4	Festlegung "Anwendungen"	Definition der Anwendungssoftware, Einführung evtl. in mehreren Abschnitten
5	Inbetriebnahme und Test	Test der geforderten Funktionalität, evtl. Fehlerbeseitigung und Verbesserung, Test auf logisch korrekte Abläufe Schulung MA,

Abb. 6.9 Ablauf Systemplanung

7 Zusammenfassung

„Industrie 4.0“ – „Digitale Fabrik“ – „Digitale Transformation“ – „Big Data“ – neue Begriffe, die in ihrer Bedeutung sehr breit interpretiert werden können und damit Basis für eine Vielzahl von teilweise falschen, teilweise unzutreffenden und teilweise auch unlauteren Erklärungen und Absichten sind. So bleibt bei nüchterner Betrachtung der Situation die Erkenntnis, dass die „digitale Fabrik“ in den vergangenen Jahren längst Realität geworden ist, und zwar in einem kontinuierlichen Prozess, den Professor Karl Steinbuch in seinem Buch „Programm 2000“ im Jahre 1970 wie folgt vorhergesagt hat: „Computerähnliche Steuersysteme werden in Zukunft in alle Produktionstechniken so hineingewoben sein, wie das Nervensystem in den Organismus hineingewoben ist. Hier werden die Techniken der Informationsverarbeitung und Informationsübertragung in komplexer Weise miteinander verschmolzen, beispielsweise zu Prozesssteuerungen, Maschinensteuerungen und Gesamtablaufsteuerungen.“

Die digitale Gesellschaft ist längst Realität, betrachtet man die technischen Veränderungen, die sich in den letzten Jahren vollzogen haben: Die Telekommunikation gibt ihre letzten analogen Übertragungseinheiten auf: in 2017 werden praktisch keine analogen Telefonanschlüssen mehr betrieben: Man ist längst mit sämtlichen Endgeräten über DSL (++) mit dem Internet verbunden, man betreibt über diese Kommunikationslinie auch seine Hausinstallationen vom Küchengerät bis zum 3D-Drucker, natürlich eingeschlossen alle weiteren Dinge wie Rollläden, Licht bis hin zu Waschmaschine.

Es sei an dieser Stelle auch darauf hingewiesen, wie durch den technologischen Wandel und den umfassenden Einsatz der Digitaltechnik im Fahrzeugwesen eine Ressourcenschonung und Verbesserung der Sicherheit erzielt werden konnte: moderne Motorsteuerungen und Fahrerassistenzsysteme sorgen in einem modernen Fahrzeug (ob PKW oder LKW) für ein hohes Sicherheitsniveau und Energieeinsparungen.

H. Hippenmeyer, T. Moosmann, *Automatische Identifikation für Industrie 4.0*,
DOI 10.1007/978-3-662-52701-6_7

Im industriellen Bereich hat diese „digitale Transformation" ebenfalls längst stattgefunden. Die alle Produktionsverfahren umfassende Automation bedient sich natürlich (und dies heute nahezu 100 %) der Digitaltechnik im weiteren Sinne.

Auch kleinere und mittlere Unternehmen stehen hier gegenüber Großunternehmen keineswegs zurück. Insofern hat eine erste technologische Revolution stattgefunden. Eine zweite technologische Revolution wird in den nächsten Jahren mit Sicherheit wieder in einem Bereich stattfinden der die Gesellschaft gesamthaft betrifft: Das Verkehrswesen (ob Privatfahrzeug, ÖPNV oder Logistikdienstleister) wird von technologischen Neuerungen wie alternativen Antriebsquellen oder automatisierten Fahrzeugsystemen profitieren: Der Nutzen wird hier in einem wesentlich gesteigerten Sicherheitsniveau und vor allem in einer erheblich gesteigerten Ressourcenschonung liegen: Insbesondere der immer weiter anwachsende und kleinteiliger werdende Warenverkehr erfordert neue Strategien in Automatisierung und Netzwerkoptimierung, die nur durch den Einsatz neuer unternehmensübergreifender Strukturen realisiert werden können. Es bedarf keiner weiteren Schlagworte wie z. B. IoT (Internet of Things), um den technologischen Wandel nutzbringend zu gestalten, es bedarf vielmehr einer kontinuierlichen Weiterentwicklung der Automatisierung komplexer Verfahren, insbesondere in der Logistik, um Optimierungspotentiale zu erschließen und konsequent und fehlerfrei nutzen zu können.

Welche Konsequenzen wird die kontinuierliche Weiterführung und Ausweitung des technologischen Wandels im Sinne von Steinbuch („Industrie 4.0") für das industrielle Unternehmen haben? Wie gestaltet man die „digitale Fabrik"? Sind die Ansätze und Ideen, die unter „Industrie 4.0" propagiert werden auch für KMUs interessant und nutzbringend? Die Antworten hierauf lassen sich wie nachstehend beschrieben zusammenfassen:

1. Die Nutzung moderner Automatisierungstechniken in Produktion und Intralogistik jedes Unternehmens ist eine <u>kontinuierliche</u> Aufgabenstellung und muss permanent im strategischen Fokus stehen.
2. Es ist notwendig, in im modernen Unternehmen bereits heute installierten Automatisierungs- und Steuerungssysteme mit einer Sensorik auszustatten, die nicht nur der „Maschinensteuerung" dient, sondern einem übergeordneten ERP-System ermöglicht, einen zeitnahen Blick auf das Produktionsgeschehen und vor allem auf den Materialfluss zu erlauben.
3. Es ist notwendig, durch zeitnahe Erfassung von Materialfluss, Produktionsabläufen und vom Mitarbeiter entschiedenen Abweichungen vom Planzustand dem übergeordneten ERP-System eine Planadaption zu erlauben. Die von einem erfahrenen Mitarbeiter getroffenen Entscheidungen sind wertvoll und optimieren Abläufe in einem bestimmten, begrenzten Wirkungsbereich (z. B. die Änderung einer Montagereihenfolge o. ä.). Die Auswirkungen solcher Entscheidungen im Gesamtsystem müssen jedoch vom ERP-System geprüft und ggf. verarbeitet werden.
4. Die zeitnahe Erfassung des Produktions- und Logistikgeschehens im Unternehmen nach der „3P"-Methode muss sukzessive durch eine Auswertung im Hinblick auf

verschiedene Parameter ergänzt werden: So können Betriebsabläufe optimiert, Verschwendung vermieden werden und die Basisdaten für einen kontinuierlichen Verbesserungsprozess genommen werden.

5. Die zeitnahe Erfassung des Produktions- und Logistikgeschehens kann mit einfachen Mitteln direkt zur Fehlervermeidung herangezogen werden und hilft die Qualitätslage der Prozesse sofort zu verbessern (ROI startet umgehend, eine Amortisation wird innerhalb kurzer Zeit nachweisbar).
6. Die organisatorischen Maßnahmen (z. B. Strukturierung der Stammdaten, Produkt- und Objektkennzeichnung, Kennzeichnung von Bereitstellungs- und Lagerorten im innerbetrieblichen Umfeld, Kennzeichnung von Werkzeugen, Arbeitsplätzen und Dokumenten), die mit der Vorbereitung der 3P-Methode durchgeführt werden, lassen bereits im Vorfeld eine Reihe von Optimierungspotentiale erkennen und ausschöpfen.
7. Die Begriffe „Industrie 4.0", „Digitale Fabrik" usw. sind gerade für KMUs keine neuen Dinge, sondern beschreiben lediglich einen technologischen Wandel, der längst im Gange ist und nun den Wirkungskreis und das Kommunikationsnetzwerk im Sinne der Einbindung aller im Prozess befindlichen Elemente ermöglichen wird. Die Automation (im Sinne eines ERP) wird dadurch flexibler, intelligenter (durch den Mitarbeiter), qualifizierter und fehlerfreier durch die Kenntnis von Zustand, Standort und Bewegung der Objekte.

Abb. 7.1 zeigt, an welchen Stellen sich das Kommunikationsgeschehen im Sinne von Industrie 4.0 verbessern wird.

Die Digitaltechnik bietet (dank „Moore's Law") heute die Möglichkeit, große Datenmengen mit geringem Aufwand zu verarbeiten und zu speichern. Die Datenübertragung profitiert ebenfalls von den Möglichkeiten der Digitaltechnik, aber in noch größerem

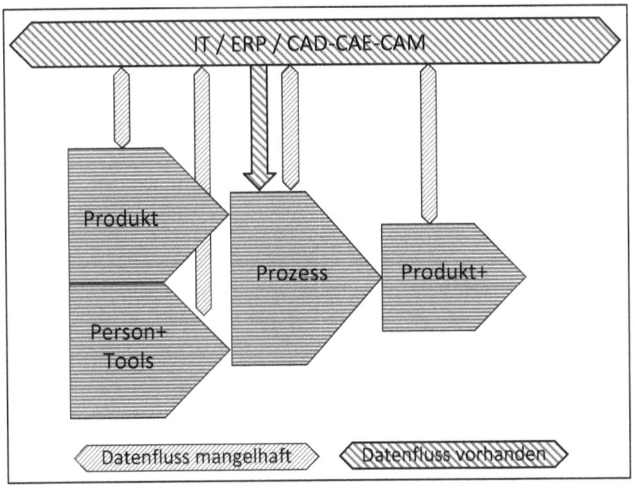

Abb. 7.1 INDUSTRIE 4.0 Produkt-Person-Prozess-Tools

Maße von den optischen Technologien. Von einer „Digitalisierung" oder „digitalen Fabrik" zu reden trifft jedoch nicht den Kern der für die Zukunft notwendigen technologischen Weiterentwicklung: Es steht vielmehr die Aufgabe im Raum, die im industriellen Bereich ablaufenden Prozesse durch die Nutzung technischer Mittel sinnvoll zu vernetzen und damit flexibler, verschwendungsfreier und effizienter zu machen.

Es wird sich durch die Transparenz in vielen kleinen und mittleren Unternehmen auch die Erkenntnis durchsetzen, dass die bisherige Annahme aller Produktionsplaner, das Betriebsgeschehen sei deterministisch und folge ihrem Planungsbild, leider nur teilweise gültig war. Es gibt (durch den intelligenten Mitarbeiter) in jedem Betriebsgeschehen kleinskalige Optimierungsmöglichkeiten, die nutzbar zu machen sind und erhebliche Einsparpotentiale und Qualitätsverbesserungen eröffnen.

Die Kommunikationswege und die elektronischen Hilfsmittel (Rechner, Speicher) hierzu sind vorhanden. Weitere Hilfsmittel wie z. B. Sensoren und Aktoren die direkt in moderne Kommunikationsstrukturen einbindbar sind, sind ebenfalls in technisch ausgereifter Form verfügbar. Im Sinne von „Industrie 4.0" gilt es daher, diese technologischen Möglichkeiten zu nutzen und durch eine verbesserte und standortübergreifende Informationslogistik mit einer umfangreich normierten Semantik für eine Verständigung zwischen den Kommunikationsteilnehmern zu sorgen.

Literatur

1. **Falsch programmiert** von Karl Steinbuch (Autor) Gebundene Ausgabe: 174 Seiten Verlag: Deutsche Verlags-Anst.; Auflage: 1. Auflage (1968) Sprache: Deutsch ASIN: B0000BTFWF

Stichwortverzeichnis

H. Hippenmeyer, T. Moosmann, *Automatische Identifikation für Industrie 4.0*,
DOI 10.1007/978-3-662-52701-6

Kolibri 360 GmbH
Ferdinand-Jühlke-Straße 7
99095 Erfurt, Deutschland
produktsicherheit@kolibri360.de